KB081829

군인가족
내집마련 표류기

소박한 관사에서 평생 살 내 집까지
직업군인의 찐 드림하우스 정복기

군인가족 내집마련 표류기

노영호 지음

예미

프롤로그

어렸을 적에 군인이 되면 나라에서 집을 준다고 들었다. 조금 우스운 이야기이지만 그래서 군인을 지망했다. 그런데 나라에서 집을 주긴 하지만 이사를 엄청나게 많이 시킨다는 것은 미처 알지 못한 숨겨진 팩트였다. 나도 지금까지 20여 년이 넘는 직업군인 생활을 하면서 참 많은 이사를 했다. 대충 헤아려 봐도 열다섯 번은 되는 것 같다. 강원도 철원에서 시작한 군인으로의 여정은 전국 방방곡곡 많이도 돌아다녔다.

이사를 자주 하는 것은 정말 힘든 일이었다. 일단 살림도구가 남아나는 것이 없다. 대한민국 가구들이 그렇게 약한 친구들인 줄 이사를 하면서 알게 되었다. 어디에서 툭 건드리면 식탁 다리가 날아가고, 이사 용달차에서 내리는 순간 침대가 부서져 있다. 하도 많이 이사를 다니고 가구들이 잘 부서지니까 이제는 가구를 안 사게 된다. 요즘 라이프 스타일인 미니멀 라이프를 오래전부터 실천하고 있었구나!

살림살이만 걱정할 것이 아니다. 가족들도 새로운 곳에 적응을 하려면 정신이 없어진다. 초등학생 아들은 전학을 가는 것이 싫다고 난리이고 아내도 애써 만든 군인 가족 이웃들이 또 바뀌니 실망이 큰 것 같다. 주민센터에 가서 전입신고를 해야 하고 초등학교 전학 절차를 밟아야 한다. 인터넷, TV도 주소이전을 해야 하고 신경 쓸 것이 한두 가지가 아니다.

사실 가장 힘든 건 나였다. 나 역시 주변 사람들이 모두 바뀐다. 근무지가 바뀌고 직책이 바뀌고 사무실이 바뀌고 해야 할 일도 바뀐다. 내가 익숙하던 것들과 모두 결별하고 새로운 환경이 불쑥 나타난다. 모든 것이 새롭고 또 서툴러진다. 괜히 쿨한 척, 강한 척하지만 사실 새로운 환경에서 가장 외로워지고 불편한 것은 본인이다. 이런 일을 매년 반복하고 있는 이들이 군인이고, 군인 가족이다.

군인이 워낙 근무지를 자주 옮기니 나라에서 거주할 공간을 빌려준다. 그냥 주는 것은 아니고 근무하는 기간 동안만 빌려주는 것이다. 이렇게 국가에서 지원하는 집이 관사이다. 군대에서 주는 관사이니까 군관사라고 한다.

군관사는 군인이 사는 집이다. 군관사는 외딴 전방에나 있을 줄로 아는데 의외로 우리 주변에서도 종종 볼 수 있다. 30~40년 전에 지었나 싶을 정도로 허름한 군관사도 있고, 여기에 사람이 사는가 싶은 울창한 수풀 속에 난데없이 군관사가 튀어나오기도 한다. 도심지에서도 종종 보인다. 차를 타고 가다 보면 가끔 보게 된다. 물론 일반인은 그것이 군관사인지 모르는 경우도 있다. 하지만 어떤 군관사는 버스 정류장에 '○○부대 군관사'처럼 널리 알리는 당당한 녀석들이 있기도 하다.

생각보다 친숙한 것이 군관사이다. 친구나 친척 중에 군인이 있으면 한두 번씩 군관사에 놀러 간 경험도 있을 것이다. 군관사라는 것은 참 이상한 녀석이다. 무척이나 비밀스럽고 접근하기가 어렵지만 주변에 한번씩 나타나는 그런 것 같다. 친구들 중에도 그런 아이들이 가끔씩 있지 않은가? 이상하게 까칠하고 말 붙이기 어려운데 알고 보면 되게 소탈하고 털털한 성격인 그런 친구 말이다. 이런 아이들은 한번 알게 되면 너무 됨됨이도 좋고 착한 아이여서 평생을 친한 친구로 가는 경우도 왕왕 있다.

이런 좋은 친구들을 군관사라고 비유를 한다면 조금 과장된 것일까? 하지만 나는 그렇다고 생각한다. 그래서 군관사에 대한 이야기를 책으로 쓰고 싶었다.

직업군인으로 이제 20년을 보냈다. 하지만 나는 고위 장군도 아니고 그냥 일반 군인이다. 나의 부친이 돈이 많은 금수저도 아니고, 친척 중에 고위 장군도 없다. 이른바 군수저도 아니다. 그냥 수많은 군인 중의 하나로 나의 20대를 시작했다. 나의 동기들과 동일한 선상에서 출발했다. 똑같은 월급에 똑같은 군복을 입고 똑같이 시작하였다. 지금 생각하면 개성 없이 그냥 거대한 군조직의 하나로서 열심히 생활한 것 같다. 그렇게 20년이 화살처럼 휙 하니 지나가 버렸다. 20년이 지난 지금, 이제 인생을 뒤돌아볼 여유가 조금 생기기 시작하고 주변을 돌아보게 된다. 청년의 풋풋했던 얼굴은 이제 중후한 느낌이 물씬 들고 풍성했던 머리칼은 점점 안타까워지고 있다.

이제는 동기들끼리도 많은 차이가 생겼다. 일단 직업적인 면에서 차이가 있다. 일찍 전역해서 사회로 나간 친구도 있고, 정말 군생활이 하고 싶은데 진급을 하지 못해 어쩔 수 없이 전역한 친구들도 있다. 직업군인으로 생활하는 친구들은 아직 대부분 중령으로 남아 있지만 슬슬 대령으로 진급하는 동기들도 나온다. 경제적인 면에서도 차이가 크다. 집을 구입한 친구들도 있지만 직업군인으로 생활하는 동기들은 대부분 집을 가지지 못한 경우가 많다. 집도 있고 경제적으로 잘 준비된 일부 군인들이 있다. 그리고 대부분은 경제적으로 준비가 안 된 군인들이다. 집도 없고 전역 이후 뭐 해서 먹고살지 무계획이다.

왜 군인들은 집을 마련하는 데 관심이 없는 것일까? 일단 젊었을 때 빨리 집을 사 두어야 한다는 절박함이 없는 것이 그 중요한 원인이 아닐까 한다. 군관사가 나오니 살 집이 마련되어 있다고 착각하는 것이다. 내가 만나 본 군인들 중에는 의외로 고위직으로 올라간 분들이 재테크는 잘 모르는 경우가 많았다. 아마 앞뒤 가리지 않고 열심히 일만 해왔으니 고위직으로 진급을 한 것이리라. 그런데 일반사회와 떨어져서 군대에서만 생활하는 군인들은 아무래도 사회 변화나 재산 증식의 기회가 별로 없는 것이 사실이다. 군대에서는 고위직이지만 집 한 채 없어서 전역 이후가 걱정되는 경우가 의외로 많다.

열심히 근무하는 성실한 군인들이 나라에서 지원하는 군인관사와 주택공급정책을 잘 활용했으면 한다. 현역으로 자주 이동할 때는 군관사를 통해서 안정되게 생활하고, 전역을 해서는 군인 주택공급정책을 이용하여 최소한 본인과 가족들이 살 집 한 채는 마련하기를 바란다. 군인들도 사회의 한 구성원으로서 본인의 미래 준비에 관심을 가져야 한다.

세상이 많이 바뀌었다. 철석 같던 군인연금도 이제는 확실하지 않다. 더 확실한 것은 누구나 퇴직을 하여 사회로 돌아간다는 것이다. 퇴직 이후 살 집은 미리미리 마련해야 한다. 지금 집값이 엄청나게 내려가고 있다고? 아니, 올라가고 있다고? 군인들은 집값이 오르면 오른다고 집을 안 사고 집값이 내리면 내려간다고 집을 안 산다. 결국 집을 못 사고 전역을 한다. 이러면 안 된다.

중요한 것은 나라에서 주는 혜택에 대해 감사한 마음을 가져야 한다는 것이다. 한번 진지하게 생각을 해보면, 국가에서 지원하는 군관사와 주택공급정책은 너무 감사한 것이다. 사실 아직도 군관사의 시설적인 부분에서는 더 이야기할 부분이 있다. 군관사가 낡고 허름하고 전방 격오지에 있어서 문화생활을 누리기도 무척 어렵다는 것은 다들 알고 있다. 그래도 국가에서는 이를 개선하기 위해 노력을 기울이고 있다. 군인을 위해서 국가가 많은 관심을 가지고 있다. 많은 정책 관련자와 실무자들이 군인 주거복지를 위해 열심히 일하고 있다. 부족한 부분에 대해 화를 내고 불만을 가지는 것도 필요할 순 있지만, 그래도 그것만으로 나는 감사한다. 대한민국이 군인을 위해 내려 준 두 개의 사다리, 군관사와 군인 주택공급정책을 잘 활용하면 안정된 현직 생활과 평화로운 노후가 모두 보장되기 때문이다.

그 이야기 보따리를 한번 풀어 보겠다.

다소 생소할 수 있지만 우리 주변에서 종종 볼 수 있는 군관사 이야기에 여러분이 호기심을 가지고 한번 놀러 왔으면 한다. 본인이 군인이거나 가족이나 친척 중에 군인이 있다면 정말 놀러 와야 한다.

이제 군관사 문 앞에서 초인종을 누르셨나? 주인이 문을 열었다. 들어가기만 하면 된다.

들어와요, 군인아파트로.

2022년 12월

저자 **노영호**

차례

프롤로그 • 5

1. 비밀의 공간, 군인아파트

달팽이와 군인아파트의 추억 • 16
나도 군인아파트에 살고 싶어요 • 20
공부 못하면 거기 산다? • 25
관사 히스토리 • 33
군인아파트 1호, 맘모스아파트 • 39
흑룡아파트에는 흑룡이 사나요? • 43
BOQ? BEQ? BBQ!? • 51
겉만 멀쩡한 공관의 속사정 • 57
외국의 군인관사 • 63
'초품아'만큼이나 좋은 '복품아' • 70

2. 낭만과 애환의 군관사 표류기

나의 첫 신혼집은 민통선 이북 • 78
거기 사람 사는 곳인가요? • 85
어느 군인 가족의 눈물 • 90
인제 신남? 인제 원통!!! • 93
나무가 많아 다목리(多木理) • 97
15평에 6명의 대가족이! • 101
곰취와 두릅 캐기, 오징어 말리기 • 105
집게벌레의 습격 • 110
MZ세대 군인 가족은 남편을 따라가지 않아 • 115
노 작가의 군대 생활 스토리 (1) • 119
노 작가의 군대 생활 스토리 (2) • 125

3. 딩동댕! 전국 군관사 자랑

상전벽해, BTL 군관사 • 134
백령도 군인관사 방문기 • 140
눈 내린 나리관사의 추억 • 145
공군 관사, 소음과 남편 걱정에 잠을 이룰 수 없어 • 149
퇴직해도 진해에 살어리랏다 • 154
국내 최대 군인 마을, 계룡시 신도안 • 157
군인 가족의 천국, 대전시 자운대 • 161
위례신도시의 군 유토피아 • 165
군인아파트계의 타워팰리스 • 170

4. 원사가 부자인가요? 장군이 부자인가요?

직업군인의 꿈, 군인 가족의 꿈 • 178
군대 퇴직해도 군인관사 주나요? • 183
군인의 꿈에 악영향을 주는 것, 연금과 군인관사 • 189
꿈을 이루는 첫 번째 사다리, 군인아파트 • 195
꿈을 이루는 두 번째 사다리, 군인 주택지원정책 • 198
꿈을 이루기 위한 주택 마련 플랜 • 203
장군이 되려는 김원진 소위가 꿈을 이루는 방법 • 209
원사가 되려는 차승현 하사가 꿈을 이루는 방법 • 215

5. 진급보다 더 기쁜 내 인생 내 집 마련

퇴직 전에 꼭 해야 할 일 • 222
이제 군생활을 시작하는 20대 김솔비 중사 • 227
군관사냐, 내 집이냐? 이하늘 상사의 결심 • 231
내겐 너무 예쁜 복덩이 3형제! 배경수 상사 • 236
군인공제회로 집을 마련한 신도산 소령 • 240
10년 만에 내 집 마련 성공! 김창수 대위 • 245
일반청약으로 주택 마련한 왕고참 김상현 중령 • 250
퇴직 전 군인 특별공급으로 마지막 기회를 • 253

6. 마무리

두 개의 사다리를 타고 • 258

참고자료 • 261
에필로그 • 280

우리 주변에 종종 보이는 비밀의 공간.
안이 궁금하지만 함부로 들어가 볼 수는 없다.
옛날에는 동네에서 가장 멋지고 좋은 집이었다.

어느 나라든 군인아파트는 다 있다.
외국에도 군인아파트는 있다.
하지만 우리만큼 사연 많고 이야기 많은 곳은 드물다.
그 비밀의 공간으로 한번 들어가 보자.

어서 들어와요. 비밀의 공간, 군인아파트.

1

비밀의 공간,
군인아파트

달팽이와 군인아파트의 추억

내가 초등학교(사실 당시에는 국민학교라고 불렀다)에 다닐 때 자주 전학을 오가는 친구들이 있었다. 아빠가 군인이라고 하는데 서울 말씨를 쓰는 얼굴이 허여멀건한 귀티 나는 아이들이었다. 왠지 어릴 때부터 고급 분유를 먹고 자란 아이들처럼 얼굴도 하얬다. 나는 대구에서 나고 자라 당시 억센 경상도 사투리를 구사하고 있을 때였다. 그 전학 온 친구들은 선생님의 친절한 지도 아래 반에서 곧잘 우등생으로 생활했다. 그러던 중 이름이 민성휴인 친구와 상당히 친해지게 되었다. 성휴도 얼굴이 하얗고 잘생긴 친구였다. 그의 아버지도 직업군인이라고 했다. 당시 계급은 대령이었고 어느 부대 참모장 직책이라고 하였다. 그때 겨우 초등학교 2학년이었는데 군인 아빠가 얼마나 자식 교육을 잘 시켰는지, 아빠 계급과 직책, 군번을 줄줄 외우고 있었다.

그 친구의 초대로 군인아파트에 놀러 가게 되었다. 그 안이 어떻게 되어 있는지가 얼마나 궁금했던지 전날부터 무척 설레었다. 사실 친구 집에 놀러 간다고 소풍 가는 것마냥 기쁘지는 않을 것이다. 군인아파트라고 조금 생소하긴 해도 친구 집에 가는 것뿐인데 나는 그때 왜 그렇게 설렜을까? 여기에는 나름 가슴 아픈 스토리가 있다.

내가 살던 대구의 한 동네에는 또 다른 군인아파트가 있었다. 지금도 어렴풋하게 생각난다. 4층 정도 되는 아파트였고 특이하게도 담벼락에 철조망이 둘러쳐져 있었다. 또 출입문 옆에는 위병소가 있어서, 거기에 사는 군인 가족이 아니면 들어가지 못하게 했다. 위병소에는 방위병이 2명 있었다. 평소에는 노닥대면서 시간을 때우다가 군인 가족이 아닌 현지인 동네 어린이가 접근하면 귀신같이 잡아냈다. 그 방위 형아들은 붙잡은 동네 아이들에게는 볼펜으로 머리를 때리면서 혼을 내었다. 지금 생각하면 어린이를 괴롭히는 범죄라고 신고해 버릴 수도 있겠지만 당시에는 군인이라는 특수성과 약간 경직된 사회 분위기로 인해 그런 생각은 할 수 없었다. 아무튼 당시에 나는 이 군인아파트에 무척 들어가고 싶었다. 왜냐하면 이곳에는 어린 초등학생에게 매력적인 요소가 하나 있었기 때문이다. 그것은 바로 달팽이였다.

아파트 주변에 풀이 울창하게 자라서 비만 오면 토실토실하게 살이 오른 달팽이들이 사방에 천지였다. 오해하지 마시라. 달팽이를 먹으려 했던 것은 아니다. 어린 시절 나는 동물이나 곤충을 키우는 것을 매우 좋아했던지라 달팽이들을 잡아서 1.5리터 페트병에 넣어서 키우곤 했다. 그런데 여기 말고는 달팽이가 그렇게 많이 서식하는 곳이 없었다. 아쉬운 마음에 그날도 학교를 마치고 집으로 가는 길에 군인아파트 위병소를 흘깃 바라보았다. 매일 있던 무서운 방위병 형아들이 그날은 마침 없었다!

나는 즉시 경로를 바꾸어 집으로 가지 않고 군인아파트 정문으로 걸어 들어갔다. 평소 보던 회색빛 풍경이 아니라 잘 가꿔진 나무와 숲으로 된 녹색 세상이 나의 눈앞에 펼쳐졌다. 여기는 앨리스가 빠진 이상한 나라인가? 이런 상상마저 들었다. 아스팔트 진입로를 지나서 화단으로 침투했다. 그리고 먹잇감을 찾는 솔개처럼 위에서 두리번거리며 달팽이들을 찾기 시작했다. 비는 오지 않았지만 그래도 풀을 헤집으니 꽤나 씨알이 굵은 달팽이들이 몇 마리 보였다.

"이 녀석은 너무 커서 페트병 입구에 들어가지 않겠는데?"

나는 너무 들떠서 거의 무아지경에 빠져 들어갈 정도였다. 그런데 갑자기 누군가 내 귀를 잡아당기는 바람에 번쩍 정신을 차렸다. 방위형들이었다! 이건 꿈일까? 안타깝게도 꿈이 아니었다.

위병소의 방위병 형아들이 잠깐 자리를 비운 사이, 나는 군인아파트를 습격하는 데 성공했다. 하지만 전리품(토실토실 살찐 매력적인 달팽이들)을 챙기는 데 너무 정신이 팔렸다. 급기야 경계를 소홀히 하는 결정적인 실수를 범하고야 말았다. 그 방위병들은 본진이 침투당한 것에 매우 화가 나 있었다. 그래서 어린 초등학생에게 화풀이를 하였다. 잡은 달팽이들은 다시 수풀로 던져졌고, 나는 방위병 형아들로부터 얼차려를 받았다.

"차렷! 열중쉬어! 야, 이것 봐라, 정신 안 차려!"

초등학교 저학년 아이에게 이건 정말 견디기 힘든 일이었다. 그 자체도 너무 힘들었지만 더 곤욕스러운 상황이 다가왔다. 마침 내 또래의 예쁜 여학생 한 명이 지나가고 있었다. 그리고 나는 정말 크게 잘못한 사람처럼 차렷 자세로 서서 혼이 나고 있었던 것이다. 아아, 정말 주저앉아 버리고 싶었다. 그런데 갑자기 구원의 여신이 나타났다. 군인 가족으로 보이는 한 아주머니가 다가온 것이다.

"아니, 동네 꼬마한테 뭐 하는 거예요! 가만히 지켜보니까 정말 너무 하네! 근무병들 소속과 이름이 도대체 뭐예요?"

그분은 정의감에 가득 찬 아주머니셨나 보다. 군간부의 가족으로 보이는 아주머니가 나타나자 분위기는 급반전되었다. 방금 전까지만 해도 너무 무섭던 방위병 형아들은 갑자기 한없이 죄송한 표정으로 바뀌었다. 방위병들은 급히 사과를 하고 나를 풀어 주었다.

사실 그때는 마냥 철없던 시절이었기 때문에 뭐가 잘못되었는지 잘 몰랐다. 그리고 방위병 형아들에 대한 악감정도 없다. 그들도 위에서 시키는 대로 했기 때문이리라. 하지만 나를 구해 준 군인 가족 아주머니에 대한 감사함과 함께 함부로 들어갈 수 없는 비밀스러운 군인아파트에 대한 궁금증이 생기기 시작했다. 가장 안타까운 것은 그 힘든 풍파를 이겨 냈는데 달팽이들은 결국 놓아 주고 말았다는 것이다.

나도 군인아파트에 살고 싶어요

며칠이 지나고 드디어 그날이 왔다. 오늘은 친구 민성휴의 집으로 놀러 가는 날이다. 서울에서 전학 온 군인 자녀인 민성휴는 얼굴도 잘생기고 성격도 좋아서 우리 반에서 인기가 많았다. 그는 몇 달 만에 나의 베스트 프렌드, 일명 베프가 되어 있었다. 어느 날 집으로 나를 초대했는데, 그 친구의 집이 군인아파트였다. 나는 일반인이 함부로 들어가지 못하는 군인아파트에 대한 신비감을 마음에 품고 있었기에 그의 초대가 너무 반가웠다.

성휴가 사는 군인아파트는 얼마 전 달팽이 잡으려다 혼났던 그곳이 아닌 다른 아파트 단지였다. 당시 1990년대 대구직할시(광역시 이전에는 직할시로 불렸다)에는 많은 군인아파트 단지가 있었고, 그중에 북구에만 해도 몇 개 단지가 있었다. 그만큼 우리 곁에서 쉽게 군인관사를 볼 수 있었다. 성휴가 사는 군인아파트는 달팽이가 많은 군인아파트보다 훨씬 단지가 컸다. 언뜻 봐도 8개 동은 훨씬 넘어 보였다. 동마다 4~5층 높이로 되어 있었고 계단식 구조였으며 엘리베이터는 없었다.

집 내부의 크기는, 지금 생각해 보면 20평형 정도 되었다. 그때 발코니를 처음 보았는데, 발코니는 빨래를 너는 용도로 사용하였다. 특이하게도 발코니에 녹색 방수포를 대어 놔서 멀리서 봐도 녹색들이 가지런히 모여 있는 것이 신기해 보였다. 당시에는 단독주택이 많고 아파트가 거의 없다 보니 아파트는 귀하고 멋지다고 인식되던 시절이었다. 내가 살던 동네에도 아파트가 몇 단지 없었다. 아파트 단지가 딱 세 군데 있었는데, 그중 두 곳이 군인아파트 단지였고 하나는 일반 아파트 단지였다. 군인아파트 단지는 널찍하고 아파트 동이 여러 개여서 규모도 컸던 것에 비해 일반 아파트 단지는 동이 몇 개 없고 비교적 소규모 단지였다.

우리 동네는 대부분이 단독주택이었는데 오래되고 좁은 집들이 많았던 것으로 기억한다. 구조도 특이하고 생활편의가 좋은 아파트에 산다는 것은 또래 친구들 중에서도 잘사는 축에 들었다. 그래서 아이들 세계에서 아파트에 사는 친구들은 최신식 집에 사는 것으로 인식되었다. 사실 당시 아파트는 13평에서 15평 정도가 대부분이어서 지금 관점에서는 좁은 평수이다. 하지만 그때는 처음 보는 실내 구조가 신기하기도 했고, 그 정도 크기면 널찍하다고 생각했다. 민성휴의 집으로 말하자면, 아파트 자체로도 신세계인데 아파트 내부가 20평대로 보통 아파트보다 크기가 더 넓고 근사했다. 지금 떠올려 보면 큰 거실이 있고 방이 3개 있었다. 물론 부엌과 수세식 화장실도 있었다. 당시 1990년대, 대도시의 초등학교 화장실도 재래식인 시절이었다. 수세식 화장실이 집에 있다는 사실에 또 한번 놀랐다.

거실에는 우리 집에는 없는 쇼파도 있고, 컬러 TV도 큰 것이 있었다. 그리고 군인 아버지가 모은 군 관련 기념품들이 예쁜 장식장에 진열되어 있고, 양주라는 것도 장식장에 몇 병 있었다. 양주가 뭐지? 우리 아빠는 소주나 막걸리를 드시는데? 술병이 아주 외국스럽고 예뻤던 것으로 기억이 난다. 사실 어린 내가 문화 충격을 받은 것은 따로 있었다. 바로 컴퓨터 게임기가 집에 있었다는 것이다. 아니, 어떻게 집에 이런 것이 있을 수가 있지? 당시 1990년대에 컴퓨터 게임기 같은 사치품이 집에 있다는 것은 나에게 무척 큰 문화 충격이었다. 그때 나의 느낌은 가난한 집 아이가 갑자기 부촌에 뚝 떨어진 듯한 어리둥절함 그 자체였다.

당시만 해도 군인아파트는 동네 부촌이었다. 1960년대 거의 폐허나 다름없던 전방지역에 처음 군인아파트를 4~5층 규모로 건립하면서, 군인아파트는 당시 지역 내 최신식 건축물로 자리매김하게 되었다. 이 시점부터 대한민국에 아파트라는 생활방식이 알려지게 된다. 당시에는 대부분 농가 수준을 벗어나지 못한 낮은 주거 문화였다. 군관사가 대한민국 주거환경에 큰 변화를 주기 시작한 것이다. 군인들이 군인아파트라는 당시 최고의 주거환경에서 살기 시작하면서 사람들은 아파트 문화에 관심을 갖게 되었다. 가족이나 친척 중에 군인이 있으면 집에 놀러 가면서 자연스럽게 군인이 되면 좋은 집을 준다는 이야기가 퍼졌다. 그때의 나처럼 친구가 군인 가족이면 비밀스러운 군인아파트에 초대를 받아서 방문하기도 했다.

민성휴의 집에서 나는 너무 즐거웠다. 어린 내가 보기에 너무 예뻤던 그의 어머니는 파인애플이라는 귀한 과일을 잘라서 내놓기까지 했다. 지금 상상해도 침이 고이는 그 맛있는 파인애플을 아직 잊지 못하겠다. 그 노랗고 단 향기가 피어나는 과육을 씹으며 들었던 군인 가족의 삶은 어린 나에게 신기하기만 했다. 인터넷이 없던 시절에 듣는 전국팔도 유랑 이야기라고나 할까? 그의 가족은 서울에서도 살아 보고, 전라도 어디에서도 살아 보고, 강원도 산골 인제라는 곳에서도 살아 보았다고 한다. 성휴의 말을 들어 보면 서울의 한강은 거의 바다처럼 넓은 듯했다. 그리고 서울에는 지하철도 있단다. 나는 지금까지 살면서 대구를 벗어난 적이 없는데 이 친구는 정말 대단하다는 생각을 하였다.

나는 집으로 돌아가서 어머니에게 친구 집 군인아파트에 놀러 간 것을 자랑했다. 집도 좋고 성휴네 엄마도 너무 예뻤다고 참으로 철없는 자랑을 했다. 그러자 나의 어머니는 아들에게 장래 직업군인이 되어 보라는 비전을 건네주셨다.

"아들아, 군인이 되면 나라에서 좋은 집도 주고, 예쁜 색시도 만날 수 있어. 그러니까 아들도 열심히 공부해서 나중에 커서 군인이 되면 좋겠다."

그래서일까, 정말로 학창시절 열심히 공부해서 나는 직업군인의 길을 걷게 되었다. 어떻게 보면 당시에는 부촌으로 인식된 매력적인 군인아파트로 인해 많은 훌륭한 청년들이 직업군인의 길로 들어서게 되지 않았을까 싶다. 우리나라의 국방을 생각하면 더 많은 우수한 젊은이들이 직업군인을 선택하여 나라를 잘 지킨다면 국가 입장에서도 좋은 일이 아닐 수 없다.

아무튼 이후로도 나는 성휴의 집에 자주 놀러 갔다. 그때마다 그의 가족들은 나를 반갑게 맞아 주었고, 성휴가 학교에서 잘 적응하게 도와 달라고 부탁하시곤 했다. 한번은 성휴의 아버지가 집에 계신 것을 보았다. 아마 퇴근하시는 모습을 본 것 같다. 군용 지프차를 타고 와서 군복을 입은 채 집으로 퇴근하시는 모습이 너무나 멋있었다. 그의 부친도 서울 말씨를 쓰셨는데, 나를 보고는 "그래, 성휴 친구 놀러 왔니?" 하며 친절하게 맞아 주시던 것이 지금도 기억난다.

이제 성휴의 아버지와 어머니도 할아버지, 할머니가 다 되셨겠지? 세월의 쏜살같음에 한숨이 나오고 한편으로는 옛날 어린 시절의 추억에 마음속 깊이 미소가 지어진다.

공부 못하면 거기 산다?

옛날 군인아파트를 동경하던 나는 이제 40대의 직업군인이 되었다. 그것도 군인 주택정책 담당자로 변신하였다. 군인아파트 현장확인차 최근 서울에 있는 부대를 찾아갔다. 부대 위병소 옆에는 군인아파트 2동이 서 있었다. 내가 어렸을 때 보던 전형적인 군인아파트의 모습이다. 30~40년 전의 정취를 그대로 간직한 문화유산 같은 느낌. 각진 4층짜리 허름한 건물에, 전깃줄이 주변에 어지럽게 널려 있다. 외벽 도색은 군데군데 벗겨지고, 심지어 콘크리트까지 드러나 있다. 샤시와 출입문은 30년은 넘은 듯한 중후함을 풍기고 있다.

알고 봤더니 그 건물은 1985년에 지어진 18평짜리 군인아파트였다. 대략 나이를 따져 봐도 40년이 다 되어 간다.

"이야, 이거는 거의 옛날 그대로의 모습인데요?"

"아직까지 노후 아파트가 개선되지 않는 이유가 있나요? 서울이라 일반 사람들도 많이 볼 텐데?"

내가 아직까지 노후 아파트가 개선되지 않은 채 그대로인 이유를 물어보니 담당자는 한숨을 쉰다.

"수도권에 있는 부대는 의외로 군관사 개선이 잘 안 됩니다."

1960년대부터 지어진 군인관사는 2020년대인 지금까지도 직업군인 전체 물량을 모두 공급하지 못하고 있다. 아파트 공급가격이 워낙 비싸고 직업군인 숫자도 점점 늘어나니 그것을 따라잡지 못하는 것이다. 거기다 오래전에 건립한 노후화 물량도 매년 급속히 늘어난다. 특히 서울에 있는 군부대들은 아무래도 강원도나 경기도 전방 오지에 있는 부대들보다는 근무여건이 좋다. 그래서 군관사 개선사업의 우선순위에서 늘 뒤로 밀린다. 서울 변두리에 보면 아직까지도 1970~1980년대 지어진 아파트들이 당시 모습 그대로 남아 있는 경우를 종종 볼 수 있다.

오래된 군인아파트들도 처음 신축할 당시에는 아주 멋진 집이었다. 그 시절에는 군인아파트가 시대를 앞서가는 부촌으로 인식되었는데, 시간이 흐르면서 점점 낡아 가더니 이제는 재개발이 필요한 애물단지로 전락해 버렸다. 노후된 군관사들이 계속 유지되면서 사회적으로 군인에 대한 평가에도 나쁜 영향을 미치고 있다. 과거에 군인들이 멋지고 좋은 군관사에 살고 있을 때는 군인이 좋은 직업으로 인식되었다. 나도 군인아파트 친구 집에 놀러 갔다가 신세계를 영접하고 군인의 길로 오게 된 케이스가 아닌가. 하지만 낡고 오래된 군인아파트에 살고 있는 것을 가족들이나 친구들이 보게 되면 당연히 군인에 대한 인식은 나빠질 수밖에 없을 것이다.

서울 시내를 지나가면서 종종 보게 되는 구형의 낡은 주거지역들이 있다. 그중 상당수는 재건축을 앞두고 있는 아파트들이다. 곧 재건축을 하게 된다는 현수막이 걸려 있고, 밤에는 불도 켜지지 않아 지금은 사람이 살고 있지도 않다는 것을 알 수 있다. 이런 곳은 재개발을 하면서 많은 개발이익을 얻을 수 있기 때문에 시기가 문제이지 결국은 재개발이 진행된다. 하지만 노후된 군인아파트들은 언제 재개발이 될지 알 수 없다. 집주인인 국가가 재개발을 결정하지 않기 때문이다.

북부간선도로를 타고 구리에서 서울 쪽으로 진입하다 보면 동구릉을 지나 굴다리가 하나 보인다. 그 오른쪽 수풀 사이에 흉물스러운 아파트가 몇 개 보인다. 군인아파트인 개나리아파트이다. 과거에는 서울 북부지역의 예비군훈련장 등이 있어서 거기서 근무하는 군인들이 살던 곳이다. 개나리아파트, 참으로 정겨운 이름이다. 주변에 실제로 개나리가 많다. 개나리아파트는 1980년대에 지어진 아파트이다. 당시 이곳은 서울 근교였지만 도시개발이 되지 않아 거의 황무지에 가까운 논밭 상태였다. 거기에 군부대가 주둔하고 있었고 비연고 군인들을 위해 군인아파트가 건립되었다. 아파트 외에 군인복지회관도 옆에 지어서 식사나 숙박 등의 편의를 제공하였다. 또 테니스코트도 있어서 군인과 군인 가족들은 수준 높은 여가생활도 즐길 수 있었다. 그때 그 시절 개나리아파트 단지는 최고의 문화수준을 향유하는 부촌이었다. 그런데 그 멋진 아파트가 제대로 관리가 되지 않아 이제는 낡고 오래된 아파트로 손가락질을 받고 있다. 왜 그렇게 되었을까?

개나리아파트는 여러 가지 이유로 인해 새롭게 재건축을 하지 못하고 있다. 일단 부대계획 측면에서, 기존 대규모 군부대가 해체되고 소규모의 국군구리병원으로 바뀌어 주둔하게 되면서 거주하는 군인 숫자가 많이 줄어들었다. 그러니 대규모인 개나리아파트를 유지할 필요가 없어진 것이다. 또 지방자치제를 실시하지 않던 시절에는 중앙정부인 국방부에서 군인관사를 건립하는 데 큰 문제가 없었다. 하지만 이제는 지자체 승인이나 도시계획이나 관련 법규가 까다롭고 복잡해서 군인관사 재건축이 무척 어렵게 되었다. 개나리아파트만 해도 그린벨트 지역 내에 있고, 인근에 위치한 동구릉 같은 문화재 때문에 신규 건립이 어렵다. 재건축을 관장하는 책임기관이 군부대가 아니라 지방자치단체이기 때문에 의사결정 단계가 복잡하다. 또 다른 이유는 도시화이다. 당시에는 개나리아파트 주변이 배 밭이나 과수원이 많아서 비연고 군인을 위해 별도의 군인 주거시설을 직접 지어 줘야 했다. 그런데 이제는 이 지역이 완벽한 도시가 되었다. 부대 주변이 아파트 밀집구역으로 바뀌다 보니 민간 아파트를 이용하는 것이 수월하고, 굳이 군인아파트를 지을 필요가 없어진 것이다.

서울 지역 노후 아파트의 또 다른 사례로는 금천구의 필승아파트가 있다. 필승아파트는 1980년대에 지은 군인아파트로, 서울시 금천구 금천구청 앞에 위치해 있다. 이곳도 처음 지었을 때는 지역 내 최고 고급 주거지역이었으나 벌써 세월이 40년 가까이 흐르는 과정에서 재건축을 하지 못해 노후 아파트로 전락했다. 아파트 벽체도 갈라지고 창틀과 샤시도 노후되어 겉으로만 봐도 '이건 딱 군인아파트'라는 생각이 든다.

이 아파트에도 얼마 전까지 군인 가족들이 살고 있었다. 여기에 사는 간부들은 시설물 노후로 인해 정말 많은 고통을 겪었다. 기본적으로 배관이 오래되어 수돗물을 틀면 뻘건 녹물이 집집마다 흘러나왔다. 샤워기를 틀면 샤워기에서도 녹물이 나왔다. 욕조는 너무 오래되어 금이 가 있고 색깔도 변색되어 욕조를 이용하기 부끄러울 정도였다. 아이들을 목욕시킬 때는 욕조를 쓰지 않고 빨간색 고무 대야에 물을 받아 사용했다고 한다. 오래된 욕조가 너무 지저분해서 여기에 목욕을 시키면 아이들에게 피부병이 생길까 봐 큰 대야에 물을 받아서 쓴 것이다. 한번은 아파트 단지의 화장실 정화조 뚜껑이 너무 오래되어 파손되었다. 정화조 안의 오물이 거의 노출되어 금천구의 파리라는 파리는 모두 필승아파트에 단체로 집합하였다고 한다. 거주민들은 수백만 마리의 파리 떼로 인해 심한 정신적 고통을 겪었다.

필승아파트 바로 길 건너편에는 금천구청이 있다. 최신형 건물이다. 구청청사나 군인아파트나 모두 국가를 위해 봉사하는 군인과 공무원을 위한 시설물인데 어떤 것은 최신형이고 어떤 것은 완전히 노후된 시설이다. 왜 그럴까?

중앙정부와 지방정부를 분리하는 지방자치제도가 첫 번째 원인이다. 군인의 주거는 중앙정부인 국방부가 해결해야 하는데, 중앙정부는 예산이 제한적이기 때문에 군인의 주거를 일거에 해결하기 어렵다. 일부 지방정부의 무성의한 태도도 문제이다. 군관사를 건립하거나 리모델링을 할 때 승인 권한은 지방정부에 있다. 하지만 군인 주거 문제는 중앙정부의 일로 생각하기 때문에 지방자치단체의 입장에서 크게 관심을 가지지 않는다. 이러한 이유들로 군인아파트의 재건축이나 신축 사업은 점점 힘들어지고, 상대적으로 예산 편성이 자유로운 지방정부의 청사는 신축이 많이 되어 최신식의 건물을 가지고 있다.

두 번째 원인은 군인관사가 위치하고 있는 곳의 지리적 특징 때문이다. 대부분 외곽지역이다 보니 새로이 주거시설을 신축하기 어려운 제도적 제한사항이 많다. 예를 들면 군관사 대부분은 자연녹지지역에 있다. 자연녹지지역은 4층까지만 건축할 수 있기 때문에 도심지처럼 15층 이상 고층 아파트를 올릴 수 없다. 이것을 고층으로 짓기 위한 승인 권한은 지방정부에 있는데, 시간도 많이 걸리고 승인도 잘 되지 않는다. 또 도심지 근방에 있는 오래된 군인아파트는 대부분 그린벨트 등에 묶여 있어서 개발행위 자체가 어렵다. 과거에는 어땠는지 모르겠지만 지금은 그린벨트에 개발행위를 하는 것 자체가 불가능한 일이다. 서울 등 수도권에 지어져 있는 상당수의 오래된 군인아파트는 대부분 이런저런 제도에 묶여 예산을 받더라도 지방정부의 승인이 되지 않아 건립이 추진되지 않는 경우가 많다.

일부 오래된 군인아파트는 부대 이전 등의 지방정부 현안에 묶여서 볼모가 된 경우도 있다. 선거철만 되면 정치인들의 구호 중에는 '지역 내 군부대 이전' 혹은 '예비군훈련장 타 지역 이전' 등의 구호가 많이 보인다. 예전에는 군부대가 있더라도 지역주민들이 큰 불편을 느끼지 않았는데 요즘은 군사시설에 따른 규제와 아파트 가격을 이유로 군부대가 마을에 있는 것을 꺼리는 풍조다. 그리고 그것을 정치인들이 큰 목소리로 떠들면서 정치적인 용도로 이용하고 있다. 그런 가운데 부대에서 근무하는 군인과 군인 가족들은 피해를 입게 된다.

자꾸만 지역에서 쫓아내려 하니 군부대가 혐오시설인가 하는 자괴감도 든다. 국가에 청춘을 바치겠다는 군인의 좋은 뜻이 상처를 받는다. 더구나 이런 도심지에 위치한 군인아파트는 대부분 1980년대쯤 지어진 오래된 낡은 아파트가 많은데 부대 이전이 공론화되면 재개발을 하기가 어려워진다. 많은 예산을 들여 군인관사를 새로 지어 놨는데 갑자기 부대를 다른 곳으로 이전하면 안 되기 때문이다.

실제 부대 이전을 한다는 구체적인 계획은 없지만 부대 이전의 가능성과 예산 부족 때문에 오래된 군인아파트 개선의 바람은 여지없이 무너져 내린다. 그러는 동안 애꿎은 군인 가족들만 불편함을 감수해야 한다. 오죽하면 군인 가족이 되면 가슴속에서 부귀영화라는 네 글자를 지워 내야 한다고 하지 않나. 그들은 녹물 나오고 겨울 바람도 못 막는 허름한 군인관사에서 누군지도 모를 국방부 담당자를 원망하며 하늘만 쳐다보고 있다. 그러니 낡고 허름한 군인아파트를 보는 일반인들은 자녀들에게 이렇게 말한다.

"너 공부 못하면 이런 데 산다."

공부를 열심히 해야 사관학교에 갈 수 있다. 서울의 SKY 대학에 갈 수도 있었지만 사관학교에 가는 학생들도 수두룩하다. 더 편하고 영화로운 인생을 살 수도 있지만, 내 나라를 위해 군인을 선택하는 젊은이들이 많다. 그런데 국가는 그 젊은이의 애국충정에 제대로 대우하고 있는지 한번 생각해 보아야 한다.

사랑하는 사람이 있다는 상황을 가정해 보자. 나는 정말 애인을 위해서 많은 것을 희생하고 봉사를 하고 있다. 하지만 애인은 나를 사랑한다고 하면서도 실제 행동은 나를 무시하고 마구 대하고 있다. 그렇다면 나는 어떻게 해야 하는가? 당연히 그 사람을 떠날 수밖에 없을 것이다. 실제로 사회에 비교하여 낮은 복지와 힘든 격무로 인해 사관학교 경쟁률과 직업군인 지망률은 날이 갈수록 낮아지고 있다. 그 정도 스펙과 능력과 의지라면 다른 민간기업에서는 더 많은 급여와 혜택을 받으며 민간사회에서 편하게 살 수 있다. 누가 군인을 하려 하겠나?

하지만 누군가는 국가를 지키기 위해 격오지나 전방에서 힘든 근무를 해야 한다. 그런데 국가는 군인들에게 왜 이렇게 낡은 군인관사를 주는 걸까?

낡은 군인아파트들을 보면 미국의 러스트 벨트(Rust Belt)가 떠오른다. 과거 미국이 호황기일 때에는 자동차, 철강 등 제조업의 중심지인 도시들이 미국 경제의 최고점에 있었다. 디트로이트나 필라델피아, 멤피스 등의 도시이다. 하지만 시간이 지나고 IT산업에 밀려 제조업이 쇠퇴하면서 이들 도시들도 자연적으로 몰락해 갔다. 이제는 쇠락한 도시의 녹슨 공장 건물과 기계 설비가 집단적으로 모여 있다고 하여 러스트 벨트라 부른다. 러스트 벨트에 살고 있는 사람들의 불만은 대단하다. 그 불만으로 인해 미국에서는 정권교체까지 이루어졌다. 트럼프를 뽑은 사람들의 대부분이 러스트 벨트에 사는 저소득층 백인이라고 하지 않았나.

한국의 군인관사도 미국의 러스트 벨트와 비슷한 점이 많다. 오래된 군인관사에 살고 있는 군인과 군인 가족들의 주거만족도는 매우 낮다. 정치인들은 군인과 군인 가족의 주거환경 개선을 약속하고 있지만, 실제로 개선은 더딘 편이다. 이것은 희망 고문이나 다름없다. 개선해 줄 의지도 없는 것처럼 보인다. 언제나 예산이 부족하다는 말뿐이다. 의지는 행동을 보면 알 수 있다. 실제로 개선이 되는 물량을 보면 그 의지가 어느 정도인지 짐작할 수 있는 것이다.

관사 히스토리

특이하게도 우리나라는 과거부터 내려오는 관사 문화가 있다. 이것은 고려 때부터 내려오던 매우 뿌리 깊은 문화로 중앙집권체제와 관련이 깊다. 중앙집권체제가 자리 잡으면서 지방까지 중앙관료가 파견되었고, 이들이 거처할 집을 마련해 놓은 것이 관사의 시초이다.

오래전의 관사도 근무지 바로 옆에 위치해 있었다. 중앙관료가 각종 사무를 보고 근무를 하는 동헌(東軒)이 있고, 그 옆에 관사인 내아(內衙)가 있다. 파견 나온 관료는 임기 동안 내아에서 일시적으로 거주하다 임기가 끝나면 다시 중앙이나 다른 지방으로 옮겨 간다. 동헌과 내아는 일종의 국가 인프라인 것이다. 국가의 기능을 하기 위해 중앙관료가 필요하고, 중앙관료의 주거 지원을 하는 국가체계의 한 축인 셈이다.

내아는 지방관뿐 아니라 가족까지 거처할 수 있도록 만들어졌다. 내아는 기와지붕을 갖추고 살림이 가능하도록 만든 가정집이다. 일반적으로 안방과 마루, 부엌을 갖추고 손님을 위한 별도의 추가 방을 비치한 당시의 상류 주택의 모습이다. 하지만 당시에도 지방관의 가족들은 잘 내려가지 않았던 것 같다. 한양에서 거주하는 것이 더 편리하기 때문일 것이다. 또 정약용의《목민심서》에 보면 이런 이야기가 나온다. 지방관의 가족이나 부모는 웬만하면 지방관이 부임하는 고을에 따라가지 않아야 한다고 했다. 왜냐하면 지방관의 가족도 권력을 부릴 수 있기 때문에 의도치 않게 주변 사람을 피곤하게 할 수 있기 때문이다. 그런데 만약 부득이하게 지방관을 따라가야 한다면 내아의 따뜻한 방 하나를 택하여 조용히 지내면서 외부인과 접촉을 피하는 것이 마땅한 일이라고 했다. 사람 사는 것은 정말 옛날이나 지금이나 똑같은 것 같다.

군인 외에도 지자체장이나 장·차관급 고위공무원에게 관사가 제공되기도 한다. 얼마 전까지만 해도 중앙정부 소속 공무원이 지방으로 내려오는 경우가 많았다. 타지에서 전근을 온 지방 고위공직자들은 별도로 거주할 공간이 없고 전·후임자가 자주 순환되었기 때문에 이러한 시·도지사급 근무지에도 관사가 마련되어 있었다. 그러다 본격적인 지방자치제도가 시행되면서 관사 문화에 변화가 찾아왔다. 지방자치 공직자 선거에 대해 공직선거법에서는 60일 이상 해당 지역에 주민등록이 되어 있어야 지방자치단체장으로 후보 등록이 가능하다고 되어 있다. 또 당선이 되더라도 임기 중에는 해당 지자체에 주소를 가지고 주민등록이 되어 있어야 한다. 즉 중앙에서 내려오는 것이 아니라 그 지역에 살고 있는 사람이 지자체장이 되어야 한다는 것이다. 그러면 굳이 관사에서 살 필요가 없어진다. 지역 내 자기 집이 있을 테니까. 관사에 대한 효용성이 크게 떨어지면서 이제 지자체장들도 굳이 관사에 머무르지 않고 본인 자가에서 출퇴근하는 경우가 많아졌다.

군대의 경우 특이하게 군관사가 매우 많은 편이다. 외국군들도 군관사를 운용하지만 우리나라처럼 관사 7만여 세대, 간부숙소 12만여 실을 대규모로 보유하고 있는 경우는 매우 드물다. 이는 군부대가 전국에 널리 퍼져 있고 직업군인들이 전국을 돌면서 순환근무를 하기 때문이다. 장교의 경우 거의 매년, 아니면 2~3년마다 직책이나 부대를 옮긴다. 군인은 전방·격오지 근무가 많아 자주 전방과 후방 근무지를 순환하지 않으면 근무지역에 대한 불만이 생긴다.

또 다른 군인관사의 존재 이유는 군인이 주둔하는 곳이 대부분 전방지역이기 때문이다. 과거 군부대는 일반적인 마을이 형성되지 않은 첩첩산중에 자리 잡은 경우가 많았다. 1950년 6·25 전쟁 이후 형성된 휴전선은 당시 전투를 위해 주둔하고 있던 많은 군부대들을 그 위치대로 자리 잡게 하였다. 하지만 북진 통일을 하려는 의지가 있었기 때문에 당시의 부대시설은 임시적일 뿐이었다. 전방에 전투상태로 근무하는 군인들은 거의 텐트나 천막 상태로 생활하였고 접경지역에는 나무를 깎아서 세운 목책으로 휴전선을 표시하였다. 당시 군 선배님들은 이렇게 불편한 생활을 계속하였다. 그러다 남과 북이 분단된 상태로 세월이 10년 이상 흐르자 현재 주둔지에서 정착해야겠다는 생각을 한 것 같다. 조금씩 허허벌판의 전방 군부대에도 콘크리트 시설물로 막사가 들어서기 시작한다. 소부대 천막에서 따로 떨어져 생활하던 군인들을 한 곳에 살도록 모으고, 초급간부들도 같이 생활하도록 병영시설을 만들었다. 이를 통합막사라고 한다.

군인 가족들의 생활을 위해 1960년대부터 본격적으로 군관사를 짓기 시작하였다. 당시 대부분의 군인과 군인 가족들은 월세 생활을 하였다. 군인관사가 별도로 없고 부대 인근에 거주할 만한 집은 민가밖에 없으니 부대 인근 민가에 세 들어 살았다. 1960년대는 방 하나만 남아도 다른 외부인에게 세를 주는 일이 흔한 시절이었다. 나라 살림이 무척 어려웠던 1960년대에 충분한 예산이 있을 리가 없었다. 그래서 군부대 폐품을 판 돈이나 PX에서 얻은 수익을 가지고 군관사를 짓기 시작하였다. 마침내 1963년 9월에 육군에서 모은 PX 적립금 2,000만 원을 이용하여 강원도 전방지역에 군인관사 35개 동 150세대를 최초로 지었다. 1개 동에 4~6세대가 있는 연립주택 형태로 세대당 평수는 다소 좁은 9.38평이었다. 1965년에는 서울 지역의 부족한 군관사를 지원하기 위하여 용산에 아파트 9개 동 432세대를 지었다. 이것이 맘모스아파트로, 군 최초 아파트 형태의 군관사이다. 1966년에는 강원도 전방지역을 담당하는 2군단과 3군단에 연립주택 98개 동을 건립하여 군인 가족 384세대가 입주하였다.

1970년대에 들어오면 국가재정을 계획적으로 투입하는 주거정책의 모습을 갖추게 된다. 연평균 30억 원 규모로 예산을 안정적으로 투입하여 군관사 940세대를 건립하였다. 1979년에는 국가 주도 주거정책으로 전군 차원의 군숙소 건립 7개년 추진계획을 수립했다. 규모가 작은 연립주택과 단독주택 형태의 군관사는 군에서 직접 건립하였고, 규모가 큰 아파트는 민간 건설회사에 위탁하여 공급하였다.

1980년대부터는 민간에서도 아파트의 시대가 열린다. 서울 강남이 개발된 것도 대략 이때이다. 군에서도 군관사를 아파트 위주로 건립하기 시작한다. 1980년대의 자료를 보면, 군에서 보유하고 있는 군관사가 총 3만 7,957세대로 나온다. 당시의 직업군인의 수를 고려하면 필요한 수량의 약 67.2%를 충족하였다고 한다. 그러면 나머지 33%의 군인들은 어떻게 살았을까? 많은 군인들은 월세로 살고 있었다. 하지만 월세를 사는 군인들은 별다른 금전적인 지원을 받지 못했다. 이러한 월세 거주자의 주거지원에 대한 논의가 생기기 시작하고, 1983년도에 공무원 수당 등에 관한 규정이 만들어졌다. 직업군인 주택수당이 생겼고, 관사나 간부숙소 지원을 받지 못하는 직업군인에게 주택수당이 지급되었다.

1990년대에 들어서서 군인 주거정책에 획기적인 변화가 생겼다. 당시 김대중 대통령이 열악한 군인 주거환경에 많은 관심을 기울였던 것이다. 대통령의 지시에 따라 군숙소 종합발전계획을 수립하고 짧은 시기에 수만 세대의 군관사를 지었다. 이로써 열악했던 군 주거환경을 상당 부분 개선할 수 있었다. 다만 문제는 비교적 단기간에 다량의 군관사가 공급되어, 군관사의 품질이 대체로 좋지 않았다는 점이다. 또 훗날 다량의 노후 관사로 되돌아오는 상황을 맞게 된다. 당시에는 예측하지 못했지만 나중에 많은 문제점이 발생했다. 그때 지어진 군인아파트들은 대부분 벽체가 얇고 시멘트나 골조가 불량한 저급 품질이 많았다. 물론 그때로서는 아파트들이 대부분 그런 상태였기에 문제가 없었고 오히려 큰 환영을 받았다. 시간이 흘러 동시대에 지어진 민간 아파트들은 대부분 철거되고 재개발이 되었지만, 군관사는 아직까지 주택으로서의 질긴 생명력을 보여 주며 살아 있는 것이다. 저품질의 군관사들은 급속하게 노후되어 갔으며, 이 관사들이 아직까지 노후 협소 관사로 남아 있다.

2001년부터 군인 주거정책에 또다시 변화가 일었다. 1960년대부터 지어진 군인아파트가 이제 급속하게 노후되기 시작하면서 기존의 직접공급 방식으로는 한계가 있다는 생각을 한다. 그래서 민간의 전세제도를 군인관사로 이용하기 시작했다. 지금까지 약 7,000여 세대를 민간 전세로 지원하고 있다. 하지만 세상은 계속 변하고 군인 주거정책도 조금씩 달라진다. 이제는 전세제도가 조금씩 쇠퇴하고 있어서 군인 주거지원도 월세 지원이나 주거보조금의 형태로 계속 변화를 모색하고 있다.

군인아파트 1호, 맘모스아파트

지금 대한민국에 군인관사가 거의 7만여 세대 정도가 있다. 현재 등록된 군인관사 중에 가장 오래된 것은 1965년도에 지어진 철원의 한 단독 관사이다. 그러면 가장 오래된 군인아파트는 어디일까? 가장 먼저 지어진 군인아파트는 바로 1965년도에 지은 서울 이태원의 맘모스아파트이다.

1960년대가 되자 당시 국방부와 육군본부가 있던 용산 일대에 군인아파트가 필요해졌다. 이곳으로 전입 오는 군인들이 많아지고 비연고 군인에 대한 숙소가 필요했다. 서울 한복판인 용산이었지만 1960년대에는 허허벌판이나 다름없었다. 남산 주변에는 배 밭이 많았다. 지금의 이태원이다. 당시 강남은 대부분 논밭이었고 비만 오면 뻘밭으로 변했다. 그러다 1965년 3월 4일 대한민국 최초의 군인아파트가 용산 이태원에 들어섰다. 그것이 바로 맘모스아파트이다. 지금은 〈국방일보〉이지만 당시 〈전우신문〉에서는 최초의 군인아파트 입주식을 대대적으로 보도하였다.

우리나라에서 최초로 군인아파트가 건립되어 5일 상오 10시 용산동 현장에서 성대한 준공식을 갖는다. 총공사비 2억5천만원을 투자하여 (총연건평 6,695평) 세워진 동군인아파트는 1963년 11월에 기공, 연인원 20만명이 동원되어 1년 반 만에 준공된 셈인데 9동의 철근 콘크리트 4층 건물 속에 모두 4백32가구가 살게 되며 약 2천2백명을 수용하게 된다.

1가구당 건평은 13평, 방 2개에다가 수세식 변소, 현대식 부엌시설을 갖춰 4~5명의 가족이 살기엔 안성맞춤으로서 입주금 없이 월세 1천4백원에서 1천6백원만 내면 살 수 있게 되었다. 총 입주희망자가 6백28명이었으나 그중 약 7할인 4백32가구가 입주하게 되어 심한 경쟁을 보였는데 그중 월남에 파견된 장교가족 16가구에 대해서는 추첨없이 입주하는 특혜를 베풀었다. (출처 : 1965년 3월 4일 자 〈전우신문〉)

아파트 입주식을 꽤나 성대하게 했다. 군악대와 입주민까지 동원하여 대규모 행사로 진행을 하였다.

당시 신문에는 맘모스아파트 한 가구당 평수가 13평인데 4~5인 가족이 살기 적절하다고 한다. 요즘에는 4명 기준 국민평수가 84m²로서, 평수로 치자면 30평대이다. 13평은 1인 가족이 생활해야 할 평수라는 인식이 많다. 그런데 13평에 4~5명의 가족이 살기 좋다고 하니 세월의 격차가 느껴진다. 이후 1980년대에 들어서서는 군인아파트가 조금 더 넓어진 15평대를 기준으로 건립이 되었다. 평수는 점점 더 넓어져서 1990년대에는 20평형이 대세가 된다. 그러다 이제는 30평대가 군인아파트의 표준 면적이 되었다. 시간이 흘러갈수록 주거생활 기준도 계속 상향하고 있다.

또 특이한 것은 당시 아파트에는 연탄 아궁이가 있었다는 점이다. 발코니로 나가면 왼쪽 구석에 연탄 아궁이가 마련되어 있고 굴뚝도 있었다. 그 시절에는 번듯한 보일러가 없었기 때문에 연탄으로 난방을 하였다. 아궁이에 연탄을 이용하여 물을 끓이고 각 방은 온돌로 따뜻하게 했다. 당시의 연탄 아궁이 문화가 반영된 것으로 보인다. 종종 아주 오래된 군인아파트에 가보면 집 안에 연탄을 쌓아 놓았던 장소가 보이기도 한다.

수세식 변소와 현대식 부엌시설도 중요한 포인트이다. 당시는 1965년도이다. 대부분의 가정이 초가집 수준으로 재래식 화장실에 아궁이에서 장작을 때던 시기이다. 수세식 화장실은 상상조차 하기 힘든 때였

다. 군인아파트에 설치된 수세식 변소와 현대식 부엌시설은 대한민국에서 최고의 생활수준을 보여 준다.

이 멋지고 럭셔리한 건축물은 당시 대한민국 사회에 큰 센세이션을 일으킨다. 대한민국 최고의 주거 수준을 상류층이 아닌 일반인도 사용할 수 있도록 만든 것이다. 1965년 7월 대한건축학회의 〈건축〉이라는 학회지에 맘모스아파트가 소개된다. 제목은 '작품화보 : 군인아파트'이다. 비록 흑백 화보이지만 맘모스아파트의 위용이 느껴진다. 서울 한복판이지만 아파트 주변은 모두 작은 단층주택이다. 초가집처럼 보인다. 그런데 그 옆에 높게 솟아 있는 4층의 대형 아파트 9동의 모습은 보기만 해도 가슴이 웅장해진다.

흑룡아파트에는 흑룡이 사나요?

여러분 중에 혹시 이름이 없는 분이 있을까? 이름이 없다고 '무명(無名)'이라고 불리는 사람은 만화나 드라마 같은 데나 나오지 실제로는 없을 것이다. 공동주택인 아파트에도 이름이 있다. 과거에는 '장미아파트'나 '복지아파트' 같은 약간 촌스러운 이름들이 있었고, '대현아파트'나 '영도아파트' 등 지역 이름을 붙이는 경우도 있었다. 그러다가 최근 들어서야 건설사의 브랜드 네임을 붙여서 '삼성 래미안', 'GS 자이'처럼 고급스럽고 멋져 보이는 아파트 이름들이 많이 생겨났다.

군인들이 살고 있는 군인아파트에도 아파트 이름이 있다. 군인아파트와 군부대는 떼려야 뗄 수 없는 밀접한 관계이기 때문에 해당 군부대의 특성이 군인아파트 주소와 이름에도 그대로 묻어난다. 백마부대에 있는 군인아파트는 백마아파트이고 맹호부대에 있는 군인아파트는 맹호아파트인 식이다. 재미난 것은 군부대 이름이 몇 가지가 되다 보니 군인아파트 이름도 그것에 많은 영향을 받는다는 것이다.

아실는지는 모르지만 군부대의 이름은 공식적으로 세 가지가 있다.

먼저 고유명칭이라는 것이 있는데, 이것은 군부대의 부대명령이나 부대편제에 따라 부여되는 이름이다. 제1보병사단이나 제2군단, 제8전투비행단, 제3함대 등의 이름이 여기에 해당한다. 그런데 이 고유명칭은 숫자로 죽 나가다 보니 이것을 잘 살펴보면 사단이 몇 개가 있겠구나 혹은 군단이 몇 개가 있겠다는 것을 대략 짐작할 수 있게 된다. 즉 보안에 조금 취약한 명칭이라고 할 수 있다. 또 이름을 통해 부대 특성을 알 수도 있다. 제11기계화보병사단이라면 이 부대가 기계화보병과 관련된 부대라는 것을 알 수 있고, 제1포병여단이라면 이것이 포병부대라는 것을 어렴풋이 예상할 수 있다.

요즘에야 인터넷이나 각종 매체로 부대 정보가 많이 오픈되어 있다. 하지만 옛날에만 해도 이것은 매우 중요한 부대 기밀로 분류되었다. 그래서 이것을 가리기 위해 외부에는 두 번째 부대 이름을 사용한다. 이것을 통상명칭이라고 부른다. 보통 네 자리 숫자로 되어 있는 이름이다. 7658부대라거나 6524부대처럼 부대의 특징이 전혀 나타나지 않는다. 철저히 부대의 특성을 비밀에 가린 명칭이다.

그다음 부대 이름으로 일반인에게 잘 알려진 이름이 있다. 일반인들도 친숙하게 부른다고 이를 애칭이라고 한다. 여러분도 많이 들어본 부대 이름일 것이다. 맹호부대나 백마부대, 백골부대 등이 이에 해당한다. 애칭은 부대의 역사나 상징물 등을 고려하여 만든다. 일반적인 부대 애칭에는 사자나 호랑이, 독수리, 표범 같은 맹수들을 넣는다. 맹수 외에 상상의 동물인 용도 부대 이름으로 큰 인기를 끌고 있다. 특히 해병대의 경우 사단별로 다양한 용들이 부대 마스코트로 애용된다. 예를 들면 흑룡, 백룡, 황룡 등 색깔별로 용들이 다양하다. 특수부대의 대명사인 특수전사령부도 부대 애칭으로 다양한 동물들이 등장한다. 사자, 독수리, 호랑이, 용부터 말, 박쥐, 표범, 심지어 도깨비까지 있다. 여기에 못지않은 특이한 부대 애칭으로는 백골, 번개, 강철, 올림픽 등등도 있다. 참으로 재미있고 다양한 이름들이다. 나름 애칭에 스토리와 역사도 들어가 있으니 이 또한 의미가 있다.

해군의 부대 명칭을 알아보자면, 육군과는 약간 다르다. 특이한 것이 부대에는 애칭이 없지만 배에는 이름이 있다. 함대사령부에는 애칭이 없지만 함정, 즉 배에는 함정 명칭이 있다. 도시나 지역 이름을 붙인 함정은 여러분도 들어 보셨을 것이다. 우리들 마음속에 늠름하게 살아 있는 천안함이 대표적인 예이다. 경북함이나 독도함도 있다. 그리고 위인의 이름을 사용하기도 한다. 세종대왕함이나 정조대왕함, 이순신함 등이 있다. 공군이나 국직부대는 육군이나 해군처럼 특별한 애칭은 쓰지 않는 것 같다.

군인아파트 이름도 부대 명칭과 매우 깊은 관계가 있다. 전군의 아파트 주소를 열람해 보니 재미있게도 군인아파트에 이름을 붙이는 몇 가지 공통된 특성이 발견되었다.

첫 번째는 관사 이름에 부대 이름이나 해당 지역 이름을 붙이는 방식이다. 옛날부터 내려온 전통적인 방법이다. 오래전에 건립된 아파트에는 이렇게 부대명을 붙인 이름들이 많다. '○○부대 영외관사'라거나 '공군부대 ○○호 관사'라는 식이다. 그러다 최근으로 넘어오면 군의 특성을 살리면서도 고급스럽게 영어 이름을 붙이는 경우가 많아졌다. 28사단 아파트의 경우 '베스트그린28 아파트'라는 식으로 부르니 왠지 더 멋져 보인다.

육군의 경우는 일반적으로 군부대 이름을 많이 쓰는 편이다. 승진부대의 경우 승진아파트, 화랑부대는 화랑마을아파트 등이 대표적이다. 백두산부대의 백두산아파트도 그런 예이다. 왠지 백두산의 기상이 서린 듯한 웅장한 감정이 느껴진다. 실제로 백두산아파트는 주변이 모두 야산으로 둘러싸여 있다. 지역 명칭이나 인근 지명을 붙이는 군인아파트는 좀 오래된 곳이 많다. 서울 옥인동에 위치한 옥인아파트나 용산 후암동에 있는 후암아파트, 강원도 인제에 있는 천도리아파트, 양구의 고방산아파트가 그런 예이다.

해군의 경우는 과거에는 단순하게 '해군아파트'라고 불린 곳이 많았다. 하지만 세월이 흐르면서 군의 특성을 살린 '바다'가 들어가는 명칭이 많다. 바다마을아파트, 바다빌아파트, 오션빌아파트 등이 그러하다. 또는 바다를 의미하는 푸른색이 들어가기도 한다. 블루빌아파트가 그렇다. 공군은 '하늘'을 의미하는 말이나 하늘을 나는 매나 보라매 등을 많이 쓴다. 하늘마루아파트, 에어빌아파트, 스카이빌아파트, 하늘관, 창공아파트, 푸르매아파트, 철매아파트, 보라매관사 등이 그런 예이다. 항공기나 새의 날개를 의미하는 '나래'라는 이름도 많이 붙인다. 하늘나래아파트, 은나래아파트가 있다. 최근에는 우주로 비상하려는 의지를 보이는 듯 '우주'까지 이름에 들어간다. 대방동에 있는 우주마루아파트가 그것이다.

해병대는 해병대를 의미하는 '마린'이라는 명칭이 종종 들어간다. 해병이 사는 아파트란 뜻에서 마린빌아파트가 많다. 그리고 해병대 부대를 상징하는 것이 용이다. 왜 용이 해병대를 상징할까? 바다에 살면서 가장 용맹한 동물이 무엇일까 생각해 보면 사실 상어나 돌고래

같은 이미지가 떠오른다. 그런데 그 친구들은 이미 대부분 해군과 관련된 이미지다. 생각해 보면 상어나 돌고래보다 더 용맹한 바다의 동물은 용이다. 바다에 살지만 하늘도 날고 땅에도 가고, 그래서 해병대에 가장 어울리는 이미지로 용을 많이 떠올린다. 그래서 군인아파트에도 용이 많이 들어가게 된다. 비룡아파트, 서룡아파트, 청룡아파트, 황룡아파트, 해룡아파트, 승룡아파트 등등. 우리나라에 이렇게 많은 용 아파트가 있는 줄 예전에는 몰랐다.

각 군이 모여 있는 대형 단지에는 해당 지역 이름이 들어가는 편이다. '○○대(臺)'라는 이름을 들어 보셨을 것이다. 부대들이 주둔하고 있는 큰 지역을 이렇게 표현한다. 예를 들면 논산훈련소를 '연무대'라고 부른다. 또 각 군 본부가 있는 곳을 '계룡대'라고 부른다. 그리고 육군사관학교가 있는 곳은 '화랑대'라고 부르고, 영천 3사관학교는 '충성대'라고 부른다. 학생중앙군사학교가 있는 곳은 '문무대'이고 각종 군사학교가 있는 전남 장성은 '상무대'이다. 이런 곳은 대부분 아파트 이름이 해당 명칭을 따서 지었다. 딱히 덧붙일 말도 없었을 것 같다. 계룡대아파트, 상무대아파트, 자운대아파트, 문무아파트, 기린대아파트 등이 그런 예이다.

두 번째는 부대를 의인화한 동물이나 맹수의 이름을 관사 이름에 붙이는 방식이다. 전군 아파트 중에서 동물의 이름을 붙인 아파트를 살펴보니 대략 10개 정도 되었다. 독수리아파트, 맹호아파트, 솔개아파트, 표범아파트, 백마아파트, 도깨비아파트, 불사조아파트, 흑곰아파트, 황금박쥐아파트, 흑표리슈빌아파트 등이다. 특이한 것은 전군에서 가장 먼저 건립된 군인아파트의 경우에도 동물의 이름을 붙였는데

그것이 바로 맘모스아파트이다. 당시 대형 아파트임을 강조하기 위해 맘모스를 군인아파트 이름으로 사용했다고 한다.

군인아파트가 맹수나 짐승의 이름을 사용한 경우 종종 오해를 빚기도 한다. 보통 군인아파트 인근 초등학교에서 자주 일어나는 상황이다. 반에서 아이들이 어디에 살고 있는지 서로 소개를 하고 있다. 한 아이가 "나는 푸른마을아파트 103동에 살아."라고 하는데 군인 자녀가 "그래, 반가워. 나는 박쥐아파트 102동에 살아."라고 한다. 아이들이 "박쥐아파트에는 박쥐가 사니?"라고 묻는다. 그럼 갑자기 군인 자녀는 가족들이 살고 있는 아파트가 부끄러워질 수도 있을 것이다. 또 실제로도 군인아파트가 노후되었고 평수도 작다. 그럼 군인 자녀는 군인아파트를 창피하게 생각할 수도 있다.

군인아파트가 일반인이 잘 모르는 미지의 영역이다 보니 오해가 많다. 잘 모르니까 오해를 하는 것이다. 그런데 아파트 이름을 좀 멋지게 짓지 왜 이렇게 지었을까 하는 곳도 많이 있다. 솔직히 도깨비아파트는 좀 그렇지 않은가? 진짜 그 아파트에 도깨비가 살고 있나 싶다. 흑룡아파트도 좀 오래된 느낌을 준다. 용을 의미하는 우리 고유의 명칭이 미르인데, 흑룡보다는 검은색 용을 의미하는 검미르가 더 멋져 보이지 않는가? 검미르아파트? 실제로 백곰아파트도 있다. 정말 백곰들이 떼 지어 살고 있을 것 같은 느낌이 든다. 크낙새아파트와 박쥐아파트도 실제 있는 아파트 명칭이다.

세 번째는 강조하고 싶은 정신적인 자세를 관사의 이름에 붙이는 방식도 있다. 충성아파트가 대표적이다. 군인이라면 당연히 충성해야 한다. 그런데 충성이라는 이름을 아파트에 붙이니 아파트 자체가 구식으로 보이는 느낌을 준다. 요즘에는 이런 이름은 잘 쓰지 않는다. 다만 초급간부들이 살고 있는 간부숙소, 즉 독신숙소에 이런 이름을 많이 붙인다. 아마 초급간부들에게 정신교육을 하려는 생각이 아닐까 싶다. 예를 들면 나라를 위해 헌신하라는 의미인 '위국헌신관', 부여된 책임을 반드시 완수하라는 '책임완수관', 서로 존중하고 위하고 지내

라는 '상호존중관', 그냥 다 필요 없고 다 행복하게 살아~ '행복관' 등이 있다. 그리고 초급간부들은 군에서 병사들을 직접 이끄는 리더의 위치이기 때문에 리더가 사는 마을, '리더스빌'이라는 명칭을 쓰는 곳도 많다.

네 번째는 '레스텔'이라는 명칭을 쓰는 경우이다. 2010년대 들어 군에서 레스텔이란 용어가 유행했다. 레스토랑과 호텔을 합쳐서 레스텔이라고 하기도 한다. 그래서 식당이나 숙박시설이 함께 있는 군인회관을 'ㅇㅇ레스텔'이라고 부른다. 그리고 휴식을 의미하는 '레스트(rest)'와 호텔을 합하여 레스텔이라고 부르기도 한다. 이런 경우 편히 쉴 수 있는 간부숙소라는 뜻이다. 승포레스텔, 문혜레스텔 등이 있고 용산 국방부에 있는 국방레스텔도 그 예이다.

동기부여 영상이나 책을 보면 부르는 이름이 정말 중요하다고 한다. 이름을 부르는 대로 그대로 된다고 한다. 식물에게 '행복아'라고 계속 불러 주면 그 식물은 정말 잘 자란다. 그런데 '바보야'라고 부르면 제대로 자라지 못하고 말라 죽는다고 한다. 그래서 최근에는 군인아파트 이름도 세련되게 작명하려고 노력한다. 해미르아파트, 에버그린아파트, 물빛누리아파트, 두미르아파트 등등 너무 좋고 멋진 이름들이 많다. 요즘에 지은 최신 군인아파트 같은 경우에는 건설사가 자신의 브랜드를 빌려주기도 한다. 예를 들면 화천 데시앙 아파트, 서울 용산 푸르지오 파크타운, 위례 스타힐스 아파트, 연천 아이파크, 남성대 힐스테이트, 양구 헤링턴 플레이스 아파트 등이 있다. 이런 경우에는 건설사가 브랜드 관리도 한다. 이것 또한 과거와 달리 상전벽해이다.

BOQ? BEQ? BBQ!?

군대 생활을 하다 보면 군인 신분별로 숙식 장소가 정해져 있다. 병사들은 부대 내 막사에 배정된 방에서 단체생활을 한다. 이것을 내무실 혹은 병영생활관이라고 한다. 과거에는 내무반에 10~20명 단위로 단체 수용했다. 1인당 공간은 거의 1~2m^2 내외의 좁은 공간이었다. 최근 들어 침대형 막사가 생기고 방에서도 5~10명 내외로 지낸다. 과거에 비해 비교적 공간이 넓어지고 시설 자체도 많이 좋아졌다.

결혼한 군간부들은 저녁이 되면 퇴근을 해서 부대를 나간다. 기혼간부들은 대부분 군인아파트인 군관사에서 거주를 한다. 일부 정착을 한 부사관들은 자기 집을 갖고 있는 경우도 있다. 결혼하지 않은 초급간부들인 소위나 중위, 혹은 하사나 중사들은 어디에 거주할까? 바로 간부숙소라는 곳이다. 속칭 BOQ 혹은 BEQ라는 곳이다. BOQ라고 하면 먹는 BBQ(바비큐)를 의미하는 것인지 헷갈리는 군인들이 많았다. BOQ는 먹는 것이 아니라 독신 장교 숙소를 의미하는 영어 'Bachelor Officers' Quarter'에서 온 말이다. BEQ는 독신 부사관 숙소를 의미하는 'Bachelor Enlisted Quarter'이다.

간부숙소는 부대 안에 별도 건물로 자리 잡는 경우가 많다. 여기에 초급간부들이 모여 단체생활을 하고 있다. 대대급 주둔부대는 초급간부가 그리 많지 않아서 간부숙소는 1층이나 2층짜리가 많다. 사단급 이상 대부대에는 초급간부들이 많기 때문에 3~4층 이상 되는 건물에 간부숙소가 있다. 최근에는 부대 바깥에 소속이 다른 여러 개 부대의 초급간부들이 간부숙소를 공유하는 사례가 많다. 이런 경우 적으면 200실에서 많으면 400실까지 대규모로 건립이 된다. 부대 밖에 있으니 위병소를 출입하는 불편함이 없다. 규모가 커서 시설관리도 용이하고 편의시설도 많다.

2001년도에 소위로 군대 생활을 할 때, 나도 부대 BOQ에 살았다. 하루는 2년 선배인 최 중위가 전역을 앞둔 친한 병사들을 간부숙소로 놀러 오게 하였다.

"김 병장, 이번 주 전역하는 병장들 3명 있잖아. 내 BOQ에서 치킨하고 맥주나 간단하게 하려는데 데리고 와."

"넵, 최 중위님! 감사하지 말입니다."

병사 생활을 하면서 친해진 간부들이 사는 BOQ에 한번씩 놀러 간 기억들이 있을 것이다. BOQ에 가보면 거의 백발백중 이런 모습일 거다. 좁은 방에 군복이 널브러져 있고 담배꽁초가 가득하다. 그런 방에 간부 2명이 함께 살고 있다. 그리고 옆방에는 옆 중대 간부들이 또 살고 있다. 그렇게 BOQ에서 병사와 장교, 부사관끼리 치맥을 하면서 서로 소통한다. 전역 이후의 일도 논하고 서로 서운했던 것도 푼다. 군대에는 계급이라는 큰 벽이 있기 때문에 부대 내에서는 계급이라는 한계를 넘기가 어렵다. 그런데 BOQ에 가보면 일단 개인적인 공간이라서 엄하게만 느껴졌던 군인 간부들이 인간적으로 다가오는 경우가 많을 것이다. 그래서 간부숙소에서 맥주도 한잔하면, 그래도 남자들끼리의 브로맨스가 느껴져서 전우애를 쌓았던 기억이 난다.

부대에서 벗어나 약 10분 정도 걸어가면 길가에 1층짜리 공동주택이 있었다. 여기에 3평 정도 되는 방이 16개가 있고 가운데 공용 화장실과 공용 샤워장이 있었다. 입구를 사이에 두고 좌측 방들과 우측 방들로 구분이 되었다. 좌측 방들은 장교들이 살고, 우측 방들은 부사관들이 살았다. 간부숙소에서 장교와 부사관들은 서로 터치하지 않았다. 그런데 장교끼리 혹은 부사관끼리는 선후배 간에 많은 정신교육과 '갈굼'이라는 것이 존재했다.

주말인 어느 화창한 일요일, 대대 인사과장인 중위 선배가 갑자기 BOQ 사열을 한다고 중소위들을 모두 소집을 했다. 갑자기 간부숙소 내무사열을 한다는 것이다. 내무사열이라 함은 깔끔하게 정리한 숙소 내부를 군인 상급자가 직접 확인하는 것이다. 그것이 누구 주관이냐면, 중령인 대대장님이 아니라 대대장의 상급자인 대령 연대장님이 직접 간부숙소를 본다는 것이다. "갑자기 간부숙소 사열이 웬 말이냐?", "우리는 인권도 없냐?" 초급간부들은 난리가 났다. 주말에 쉬지도 못하고 청소하고 숙소에서 대기해야 하기 때문이다. 지금이야 간부숙소 내무사열은 없지만 2001년도에는 이런 일이 종종 있었다.

그날로 비상이 났다. 우왕좌왕하면서 다들 방 안을 열심히 정돈했다. 안 버리고 모아 놓은 쓰레기를 버리려니 그 양이 얼마나 많은지……. BOQ의 쓰레기를 다 모으니 거의 리어카 하나 분량이 나왔다.

두 명의 소위가 그 쓰레기를 리어카에 실어서 일단 부대로 갖다 놓았다. 일사분란한 단체활동으로 인해 간부숙소는 매우 깔끔해졌다.

그날 오후에 소령인 연대 인사과장이 간부숙소를 방문했다. 1차 검수를 하러 온 것이다. 그러면서 벽지가 오래되었으니 벽지를 다 바꾸라고 지시하는 것이었다. 자기가 돈 줄 것도 아니면서 도배를 새로 하니 마니 하는 것이 황당하다. 하지만 당시에는 이런 일이 종종 발생했으니 너무 따지지는 말자. 지금 당장 도배는 무리이고, 도배용 페인트를 칠하는 것으로 합의를 했다. 일단 깨끗하기만 하면 되니까 말이다. 도배용 수성 페인트를 사서 우리는 각자 방에 열심히 페인트를 칠했다. 당시에 대대장님이나 연대장님의 말은 곧 법이었다.

결국 내무검사는 성공적으로 마쳤다. 깔끔하게 잘 산다고 연대장님께 칭찬을 받았다. 대대장님은 격려금으로 우리들에게 10만 원을 보내 주셨다. 그것으로 BOQ에서 술 마시고 배달음식 먹고 해서, BOQ는 다시 쓰레기 더미가 되었다. 슬픈 엔딩이다.

지금도 바쁘지만 2001년도 당시에도 군인들은 너무 바빴다. 무슨 훈련이 그리 많은지 평일은 거의 매주 야외훈련을 한다고 정신이 없었다. 주말에는 당직을 서고 병사들 관리한다고 시간을 다 썼다. 그날도 쉬지도 못하고 BOQ 페인트 칠을 한 것이다. 당시에는 토요일에 쉬지 않았다. 토요일 오전 4시간은 정상근무를 하였고 오후부터 휴일이었다. 우리 부대는 토요일 점심을 부대에서 식사를 하고 오후 3시경에 전 간부들이 주간결산이라는 회의를 하였다. 그러면 소령인 대대 작전과장님이 다음 주 일정에 대한 설명도 하고 대대장님이 사고예방교육도 하다 보면 1~2시간은 그냥 지나간다. 그래서 퇴근을 하면 토요일 오후 5시가 넘는다.

그래도 토요일 밤은 자유다! 부대에서 차로 15분 정도 나가면 와수리라는 환상적인 해방구가 있었다. 강원도 철원군 서면 와수리는 서울까지 통하는 시외버스터미널이 있는 지역 내 중심지였다. 중심지에 걸맞게 식당이나 PC방, 술집, 노래방 등도 모여 있었다. 군인들은 주말이 되면 여기로 자동으로 모여들었다. 마음 맞는 동기들과 맥주도 한잔하고 저녁도 먹으면서 먼 객지에서 고생하는 외로움을 달랬다.

가끔씩 휴가를 내서 서울로 갈 때는 정말 세상이 내 것 같았다. 강원도 철원 와수리 시외버스터미널에서 출발하면 동서울 고속터미널까지 당시에 2시간 정도 소요되었다. 그때의 버스가 강원고속인데, 20년이 지난 지금까지 강원고속이 달리는 것을 보면 반갑기 그지없다. 그 강원고속 버스 뒷자리에 앉아 잠시 눈을 감았다 뜨면 벌써 동서울에 도착해 있는 마법은 겪어 본 사람은 모두 안다. 그렇게 한숨 자면 강원도 철원 군부대에서의 모든 피로가 풀렸다.

요즘에는 BOQ가 많이 좋아졌다. 단층짜리 오래된 건물에서 400실 대규모 BTL 간부숙소로 속속 변화하고 있다. 기존 2인실에서 1인실로 바뀌고 있는 추세이다. 간부숙소 1인실을 보면, 일단 1인용 침대가 있다. 그리고 책상과 의자가 있으며 TV도 벽걸이로 달려 있다. 딱 대학 다닐 때 쓰던 원룸이다. 화장실과 샤워실도 개인별로 있으니 무척 편리하다. 하지만 예나 지금이나 간부숙소에서 사는 모습은 크게 달라지지 않았다. 널브러진 군복과 군화, 그리고 담배꽁초 한가득, 반쯤

먹다 버린 소주병. 사실 이것이 사람 사는 모습이고 청년들이 사는 찐 모습일 것이다.

과거와 크게 달라진 모습 중의 하나는 게임이다. 요즘 간부숙소에서는 초급간부들이 게임을 참 많이 한다. 초등학생 때부터 지금까지 하고 있는 게임이라 뭐라 말릴 방법도 없다. 부모님도 못 말린 게임을 군대에서 어떻게 말리나? 게임 자체가 문제는 아니지만 게임하다 밤새는 일도 허다하다. 전날 게임하다 늦게 자고 다음 날 다크서클이 눈 밑까지 늘어져서 출근하는 초급간부들을 보면 안타깝기도 하고 불쌍하기도 하다. 멀리 외진 전방까지 와서 부모님과 떨어져 있으니 얼마나 외롭겠는가?

병사 생활을 하는 것보다 자유도 있고, 개인숙소에서 지내니 더 낫지 않냐고 되물을 수도 있겠다. 하지만 병사는 복무일수도 점점 짧아지고 병사 생활관 시설은 개선되어 생활이 쾌적하다. 이에 비해 초급간부들은 복무도 상대적으로 길고 책임도 많아져서 젊은이들 사이에서는 별로 인기가 없다. 또 아직까지 옛날 구식 BOQ도 많이 남아 있어서 초급간부 복지는 생각보다 열악한 편이다.

겉만 멀쩡한 공관의 속사정

공관이라는 곳이 있다. 한자로 하면 '公館'으로, 고위관리들이 거주하는 공적인 숙소이다. 군에서는 국방 관련한 최고 지휘부가 거주하는 관사이다. 국방부 장관님을 비롯하여 4성 장군급의 고위 장군이 거주 대상이다. 즉 직업군인으로는 가장 높은 직위이다.

일단 공관은 무척 넓다. 평수로 따져도 건평 200평 이상에 정원까지 포함하면 1,000평 이상인 곳도 있다. 회장님이 살 만한 초호화 주택이다. 이 넓은 곳을 유지하기 위하여 관리하는 군인도 따로 있다. 일반적으로 공관 1층에는 연회장이 있다. 공적인 연회나 행사를 하기 위한 공간이다. 공관들은 대부분 1960~1970년대 사이 지어진 것이 많다. 당시 식당 문화가 발달하지 않아서 연회를 공관에서 많이 했다고 한다. 군인들끼리 모여서 공관에서 행사를 많이 했다는 말이다. 요즘은 외부 식당에서 행사를 한다. 공관은 교통편도 불편하고 음식 조리나 서빙에 번거로운 점이 많기 때문이다.

공관들이 겉은 멋진데 속은 은근히 곪은 곳이 많다. 1960년대에 지어진 모 총장님의 공관은 아직까지 내부 배수관로를 새것으로 바꾼 적이 없다. 그래서 놀랍게도 아직까지 수도에서 녹물이 나온다. 총장님들도 임기가 2년이라서 자주 바뀌는 편이다. 그런데 배수관 작업을 하려면 최소한 6개월 이상이 걸린다. 2년 임기 내에서 6개월 이상을 공사를 이유로 공관을 비우기가 애매하다. 그리고 본인 임기 내에 공관 공사를 했다고 하면 부하들에게 조금 부끄러울 수 있다는 인식 때문인지 40년이 넘는 기간 동안 배수관 공사를 한 번도 하지 못했다.

일반 간부들의 입장에서 별을 4개나 달고 계신 총장님은 정말 좋은 집에 살고 있을 거라고 상상하겠지만 실제로 보면 딱히 그렇지도 않다. 시설물이 너무 낡아서 봉변을 당한 경우도 있었다. 몇 년 전에 공관의 침실 천장이 내려앉은 일도 있었다. 그런데 외부에서는 군공관을 썩 좋게 보고 있지 않다. 해마다 국회에서는 국방부에 자료 제출을 요구한다. 요구 자료는 대부분 공관 현황이나 공관 면적, 공관 내 골프연습장 시설 유무, 공관병 운용현황 등이다. 군 최고지휘부 공관을 사치성 시설로 인식을 하고 있는 것이다. 그래서 공관에 들어가는 예산을 매우 철저하게 점검을 한다. 군 최고 지휘부이지만 실제로 국민의 감독을 받고 있다. 공관에 들어가는 예산을 매우 철저하게 검증을 하니 허투루 수리를 하기 어렵다.

공관 말고 지휘관 관사라는 것도 있다. 군 지휘관들이 사는 별도의 특별한 관사이다. 일반 간부들이 사는 일반 관사가 아니다. 중대장급 이상 지휘관이 일과 이후 거주하는 숙소이다. 대부분 부대 안에 위치해 있다. 옛날에는 대대장급 관사가 부대마다 있어서 거기에 대대장과 가족들이 거주했다. 물론 지금도 거주하는 곳도 있다. 문제는 본인의 의지와 관계없이 직위에 의해 입주하는 관사라는 것이다. 들어가기 싫어도 들어가야 하는 경우가 있다. 여단장으로 취임을 했는데 부대 내에 여단장 관사가 한 채 있다면 무조건 입주해야 한다. 왜냐하면 여단장이 지휘를 목적으로 영내에 있는 관사이기 때문이다. 그것을 거부하면 그 관사는 공실로 비기 때문에 시설관리 측면에서도 문제가 생긴다. 또 일과 이후의 부대 지휘를 포기한 것으로 간주하기 때문에 상급부대에서도 좋게 보지 않는다.

내가 중위였을 때, 대대장님이 가족과 함께 영내 지휘관 관사에 거주하였다. 영내 관사는 부대 안에 위치해 있었다. 다만 출입구는 별도로 있어서 그쪽으로 가족들이 출입을 하였다. 우리 부대 대대장 관사는 약 20평 정도의 오래된 1층 단독주택이었다. 한눈에 봐도 허름해서 거기에 어떻게 가족들이 살지 걱정스러울 정도였다. 그리고 그 옆에는 테니스장이 있었고 다시 2포대 주둔지가 연결되어 있었다. 나머지 곡사포대 주둔지는 모두 이격된 독립포대였다. 2포대장인 정 대위님은 충성심이 매우 뛰어난 장교로 주말이든 밤이든 대대장님이 2포대에 나타나면 즉시 달려오곤 했다. 대대장님 관사 옆에는 고가초소가 하나 있었다. 사실 고가초소의 주 임무는 대대장님의 동선을 확인하고 행정반으로 보고하는 것이었다.

"삐익~(비상벨 소리), 고가초소 상병 김동욱입니다. 대대장님 1호차 관사로 들어갔습니다."

사실 대대장 입장에서도 무척 불편했을 것이다. 부대원들이 거주지 바로 옆에 있으니 항상 부대와 함께해야 한다. 퇴근 후에도 부대가 신경 쓰인다. 수시로 부대에서 연락이 오고 상황이 좀 안 좋다 싶으면 대대장이 즉시 부대로 출근해야 할 일이 부지기수다. 이렇다 보니 가정 생활을 제대로 하기 어려울 정도이다. 대대장님 사모님 입장에서도 무척이나 불편했을 것이다. 주변에 편의점 하나 없는 황량한 격오지에 허름한 집 하나 덜렁 있다. 남편은 맨날 부대로 출근해서 없고 부대는 매일 사격한다고 총소리가 나고, 왠지 어수선하고 시끄럽다. 2000년 초반 당시에는 인터넷도 없고 정말 심심하셨을 것 같다.

대대 지휘통제실에서는 지휘관의 위치를 잘 파악해야 한다. 수시로 대대장님이 관사에서 나오는지, 주말에는 어느 방향으로 외출하는지 계속 확인한다. 주말인데 혹시 부대에 순찰 오지 않을 것인지 신경을 바짝 쓰고 있다.

하루는 내가 당직사관을 서고 있었다. 그날은 토요일 아침이었는데 갑자기 고가초소에서 연락이 왔다.

"삐익~(비상벨 소리), 고가초소 이병 김현입니다. 관사에서 대대장님 나오셨습니다."

"뭐야? 복장은 뭐 입으셨어?"

"네, 체육복 입으셨습니다."

"알았다. 어디로 가시는지 잘 확인해 봐."

"포대 쪽으로 오십니다."

갑자기 토요일 아침에 대대장님이 오신다고 하니 포대 행정반은 난리가 났다.

"야, 행정반 정리해!!!"

"자는 애들 깨우고!!!"

당직사관인 나는 즉각 포대장인 정 대위에게 전화를 해서 상황을 알렸다. 포대장은 주말 아침인데도 즉각 부대로 들어온단다. 정말 대단한 충성심이다. 나는 당직 브리핑에 만반의 준비를 갖추고 대대장님이 오는 방향으로 달려갔다.

"충성! 2포대 당직사관입니다. 부대 이상 없습니다."

"그래, 고생한다. 잠깐 밥 먹으러 왔다."

대대장님이 토요일 아침에 부대로 식사를 하러 오셨다고? 나는 조금 황당하면서도 궁금해졌다. 초급간부들이나 병사들은 웬만하면 부대 밥은 별로 좋아하지 않는다. 짬밥이라고도 하지 않는가. 대대장님은 가족들과 맛있는 집밥을 드실 수 있을 텐데 굳이 짬밥을? 그 시간에 부대로 들어온 포대장 정 대위님이 대대장님과 함께 부대 식당에서 식사를 했고 나중에야 그 비밀이 풀렸다. 대대장님이 전날 사모님과 부부싸움을 하셔서 아침식사를 못 얻어 드신 것이다. 그래서 부대로 도망 오신 것이었다. 왠지 대대장님 표정이 그리 좋지 않았다. 이것 참! 웃어야 하는지……. 대대장님은 나중에도 주말 아침에 몇 번 더 부대로 혼자 밥을 드시러 오셨다. 역시 안 좋은 표정으로…….

이런 지휘관 관사는 최근에는 줄이는 추세이다. 관사 자체도 너무 낡고 오래되어 유지비가 더 많이 든다. 냉난방에 취약해서 난방비가 더 많이 들기도 한다. 요즘에는 지자체 관사도 줄이라고 언론이나 여론이 난리다. 과거처럼 교통이 불편한 것도 아니고 권위적인 관사는 비용만 많이 들고 효율적이지 않다는 것이다.

사실 군인 가족 입장에서도 부대 안에 있는 나홀로 지휘관 관사는 주거만족 수준도 낮고 시설물도 낙후되어 기피 대상이다. 그래서 대대장급 지휘관 관사는 대부분 철거하거나 독신간부숙소로 용도를 바꾸어 사용하고 있다. 사실 부대 내에 있는 단독주택들은 정상적인 주택으로 관리가 어렵다. 수시로 풀이 자라고 시설물이 파손된다. 거의 시골 속의 전원주택처럼 관리가 어렵다고 보면 된다.

그래도 군인 아닌 일반인 친구들은 군 지휘관 관사나 공관에 로망이 있는 것 같다. 전원 속에서 부하들이 고기도 구워 주고 서빙도 할 것으로 이상한 오해를 하곤 한다. 친구들아, 그렇지 않다고~. 요즘 그러다 큰일 난다고~. 군인의 삶은 남들 보기에는 멋진 삶인데 사실 겉만 번지르르하고 실속이 없다. 공관이나 지휘관 관사도 그런 느낌이다. 겉만 멀쩡하고 속은 상태가 그리 좋지 않다. 이게 군인의 삶이 아닌가 싶기도 하다. 좀 씁쓸하다.

외국의 군인관사

나는 군대 생활을 하면서 해외 경험을 몇 번 한 적이 있다. 미국 포병학교에 해외연수로 잠시 방문한 적이 있고, 이후 전쟁지역인 아프가니스탄에 파병을 간 적도 있다. 마지막으로 말레이시아에 지휘관참모 교육과정으로 1년을 생활한 적도 있다.

오클라호마에 위치한 미국 포병학교는 포트실이라고 불렀다. 남북전쟁 당시부터 기지가 있었던 매우 유서 깊은 곳이다. 포트실 기지 내 박물관에는 옛날 인디언과의 전쟁 때부터 포트실의 역사자료가 남아 있다. 미국은 워낙에 땅덩어리가 넓어 거대한 도시 전체가 군부대인 곳이 몇 군데 있다. 포트실도 그러하다. 미 육군 포병학교와 방공학교가 도시 시설의 대부분을 이룬다.

포트실 가운데에는 포병학교와 방공학교 본부와 교육시설이 위치해 있고, 그 한쪽에는 2층짜리 관사들이 수백 채 줄지어 있다. 전통적인 미국 2층 가옥 형태이다. 집 문 앞에 2개의 계단이 있어, 그 계단을 밟고 들어가면 현관이 나오고, 현관문을 열면 바로 거실이 나타난다.

거실 안쪽에는 부엌이 있고, 부엌 옆에 있는 계단을 올라 2층으로 가면 침실이 있다. 관사들은 모두 동일한 면적과 똑같은 모양을 하고 있었다. 다만 장군급의 관사는 더 큰 실내 규모를 가지고 있다. 대부분의 관사 앞에는 성조기를 걸어 놓아 군인의 애국심과 자부심을 나타내고 있었다. 어떻게 보면 군인으로 받은 혜택에 대한 감사의 표시인 것 같기도 했다. 국가에 대한 경례 같은 느낌이었다. 포병학교에 파견 나온 외국군들은 자신의 국기를 관사 앞에 걸어 놓았다. 외국군 관사 지역에는 그만큼 다양한 국기들이 걸려 있었다. 마치 올림픽 만국기와 같은 느낌을 주었다.

미국도 본토에는 격오지에 대규모 부대가 주둔하는 경우가 많다. 포병학교도 이처럼 미 중부 대평원 오클라호마에 자리 잡고 있다. 민가가 드문 지역이다. 그래서 군인과 군인 가족을 위해 대규모 관사를 유지하고 있는 것이다. 미군은 군인이나 군인 가족의 삶의 질을 평가할 때 주거를 가장 핵심적인 요소로 생각한다. 다양한 직업이 존재하는 미국이라는 거대한 국가에서 우수 자원을 군인 자원으로 받기 위해 주택을 가장 핵심적인 유인 요소라고 인식하는 것이다. 미국은 군인 주택사업을 위해 충분한 예산을 지원한다. 또 해외 파견지의 경우 본토보다 더 양호한 주거시설과 복지시설을 제공하고 있다. 양호한 주거단지 내에 골프장이나 피트니스 시설, 수영장 등의 복지시설이 잘 갖춰져 있고 편의점, 패스트푸드점 등 각종 편의시설도 입점되어 있다. 이것을 국가에서 예산으로 지원하고 있다.

특징적인 것은 군인들에게 양질의 민간주택을 구입할 수 있도록 현금 지원을 확대하고 있다는 점이다. 군인 주택수당을 매년 지속적으로 인상하여 군기지 내 군관사 수요를 줄이도록 한다. 군관사를 직접 지어서 지원하는 것은 예산도 많이 들고 실제로 거주하는 군인들의 주거만족도가 비교적 낮다는 것을 잘 인식하고 있다. 미군은 주택수당을 인건비 수당 항목으로 지급하고 있으며 근무지역, 계급, 가족 동거 여부 등을 고려하여 주택 소유 여부와 상관없이 지급한다. 주택수당은 생각보다 많은 편이다. 〈나는 솔로〉라는 프로그램에 출연한 한국계 미군 대위가 공개한 미군 주택수당은 월 3,525달러로, 우리 돈으로 환산하면 매월 약 440만 원을 지원받고 있는 것이다. 아마 서울에 거주하는 대위를 기준으로 한 것으로 보인다.

전쟁지역인 아프가니스탄에 있었을 때에는 미군들의 주거시설이 많이 열악한 편이었다. 당시에 나는 차리카 지역에 위치한 한국군 기지와 바그람에 위치한 미군 기지 두 군데서 번갈아 임무를 수행했었다. 바그람 미군 기지에서는 나무판자로 급조한 5평 내외의 1인실에 거주하였다. 내부에는 침대와 옷장 정도만 있고 화장실과 샤워실도 공용으로 사용하였다. 다만 내부에 에어컨은 있었다. 날씨가 너무 더워서 에어컨마저 없다면 생존하기도 어려운 자연환경이었다. 오히려 한국군 차리카 기지에 있는 숙소가 더 좋은 편이었다. 임시주택이었지만 판넬로 지은 집이었다. 방도 넓고 화장실과 샤워장도 방마다 하나씩 있었다. 한국군 기지에 파견 나와 임무수행하는 일부 미군들도 한국군 시설에서 거주하고 있었는데 매우 만족감을 나타내곤 했다.

다른 대부분의 외국 군대에서도 군인에게 주택을 지원한다. 나라마다 다른 점은 있지만 대부분 군인관사와 현금지급을 혼합하여 제공하고 있다. 독일은 유럽의 군사 강국이다. 독일 연방군은 18만여 명의 병력을 보유하고 있으며 점점 국방 예산을 늘리며 국방력을 강화하고 있다. 독일군의 경우에도 직업군인에게 군관사를 제공하거나 민간주택을 지원한다. 다만 군인의 나이를 고려하여 차등화하여 지급한다. 25세까지는 군관사를 완전 무료로 제공하지만 25세 이후부터는 관사 사용료를 징수한다. 독일 군인들은 대부분 일반 주택에서 거주하고 있다. 군인 직업 특성상 일반 주택을 구할 때 정보가 부족하기 때문에 이를 돕기 위한 인력이 있다. 국방부 소속 전담 주택 관련 상담인력이 배치되어 직업군인들의 이주 또는 주택 구매 희망 시 각종 정보를 제공한다. 예를 들면 주택 가격이나 주변 의료 및 편의 시설 등에 대한 정보를 제공하는 식이다. 가족과 떨어져 지내는 군인에게는 매월 별거수당을 제공하고 있다. 재미난 것은 2주 1회 기준으로 가족 만남 교통비를 전액 국가에서 지원한다는 거다. 2주 기준으로 가족들이 만나는 패밀리 데이를 주는 것은 국가의 책무라고 인식하고 있다.

섬나라 영국의 경우에도 직업군인에게 군관사를 제공한다. 무료지원은 아니다. 공공임대아파트 형식으로 군인은 월 임대료를 낸다. 다만 주변 시세의 40~50% 저렴한 수준이다. 관사는 대부분 민간 건설회사가 건립하였거나 민간 건립 주택을 국방부가 매입한 형태이다. 하자보수나 정비 등의 관사 관리도 민간업체에서 담당하고 있다. 군인이 이사를 할 때에는 소요비용을 국가에서 지원하고 있다. 군인이 현역에 있을 때 민간주택을 구매하도록 정책적으로 주거지원을 하고 있다.

프랑스는 예술의 나라이다. 하지만 외인부대와 강력한 육군으로도 유명하다. 나폴레옹은 프랑스 군대로 유럽을 석권하기도 하였다. 그만큼 강군을 가지고 있다. 프랑스군은 업무상 반드시 관사가 필요한 군 직책에 대해서만 소규모(595개 세대)로 지원하고 있다. 아마 부대 인근에서 살아야 하는 긴급대기 직책 등으로 보인다. 나머지(46,000개 세대)는 국방부 임대주택 형식으로 지원한다. 군인은 월 임대료를 주변 시세보다 20% 정도 저렴한 가격으로 납부한다. 프랑스도 군관사를 받지 못한 군인에게는 주택수당을 준다. 관사 사용 유무나 군 계급, 가족 상황, 근무지에 따라 구분하여 차등지급하고 있다.

유럽의 군대를 보면 대부분 소규모의 군관사를 유지하고 있고 나머지는 수당으로 지원하는 것을 알 수 있다. 미군의 경우에도 격오지 지역에는 큰 규모의 군관사를 운용하고 있지만 도시 지역처럼 군관사 건립이 어려운 경우에는 주택수당으로 지원한다. 선진국은 이제 직업군인 모집이 어려운 편이다. 미국만 해도 유수의 대학 졸업자들은 구글이나 페이스북 등 IT기업으로 취직을 하면 엄청난 급여를 받는다. 힘들고 목숨을 걸어야 하는 직업군인의 인기가 오르기 어렵다. 그래서 군인 복지를 매우 중요한 이슈로 생각하고, 특히 주택을 가장 중요한 부분으로 받아들인다. 그리고 군인들에게 많은 교육 기회를 제공한다. 웬만한 영관장교 정도 되면 대부분 해외 유수 대학에서 석사나 박사 학위를 가지고 있다. 선진국의 군대는 똑똑하고 능력 있는 젊은이들이 더 교육받을 수 있고 더 많은 복지 혜택을 제공받을 수 있는 기회의 장으로 인식되고 있다.

선진국이 아닌 나라에서도 군인에게 많은 혜택을 주고 있다. 내가 1년여 생활한 말레이시아에서도 역시 그러했다. 나는 합동군사대학에 해당하는 '말레이시아 지휘참모과정'에서 1년간 공부하였다. 거기서 특이하게도 현지 군관사를 배정받았다. 이는 우리나라 육군대학에서도 말레이시아 학생에게 군관사를 제공해 주기 때문에 상호 호혜의 원칙으로 지원을 해주는 것이다. 말레이시아 군인관사는 수도인 쿠알라룸푸르에서도 매우 좋은 지역에 위치하고 있었다. 주변이 대부분 대사관이나 공원이었다. 아무래도 그 주변이 모두 국가 소유의 토지라서 다른 나라 외교관사에도 주고, 국방부 군인아파트도 지은 것이 아닐까 싶다.

아파트는 13층 정도의 높은 건물이었고 5~6개 동이 모여 있는 대단지 아파트였다. 아마 1,000여 세대 정도 있었던 것 같다. 나는 가족과 8층에서 거주하였다. 내부는 말레이시아 특성상 조금 개방감이 있는 구조였는데 면적이 거의 60여 평에 육박했다. 들어가면 큰 거실과 부엌, 그리고 안방, 작은 거실, 4개의 방이 있었다. 아마 자녀를 많이 갖는 이슬람 문화의 특성을 반영한 것이 아닐까 생각이 든다. 말레이시아 군인들도 대부분 자녀들이 3~4명은 있었다. 아무튼 큰 아파트를 받았지만 보증금도 매우 저렴했다. 우리나라 돈으로 약 30만 원 정도를 보증금으로 납부하는 수준이었다.

나 말고도 해외 유학생들이 30여 명 정도 더 있었는데 가족과 동반하면 아파트를 지원받았고, 독신으로 온 경우에는 간부숙소를 지원받았다. 간부숙소도 약간 호텔 느낌이 나는 고급 주택이었다. 한번 놀러가 보았는데 약 20평대 아파트에 2명이서 같이 생활하고 있는 셈이었다. 방이 2개여서 한 방에 한 명이 생활하였다. 그리고 작은 거실과 부엌이 있었다.

동남아시아 지역의 군인 친구들에게 물어보니 주택수당은 없었다. 아직 수당이 비교적 체계적이지 않아서 그런지 군인관사를 주로 유지하고 있었다. 전 세계 군인들은 이처럼 대부분 군인관사를 지원받거나 주택수당을 받고 있다.

'초품아'만큼이나 좋은 '복품아'

'초품아'라는 말이 있다. 초등학교를 품은 아파트라는 뜻이다. 아이들이 다니는 초등학교가 아파트 단지 내에 있어 학교 가기 가깝고 차량 사고의 위험성도 낮다고 한다. 요즘 새로 나오는 아파트들은 초품아가 거의 기본 옵션이다. 군인관사의 경우에는 '복품아'가 있다. '군인복지회관을 품은 아파트'이다. 사실 내가 만들어 낸 신조어다.

군인관사에 살면서 의외로 장점도 많다. 일단 아파트 바로 옆에 복지회관이나 PX가 있는 것은 꽤나 큰 혜택이다. 군부대 내에 있는 상점을 일반적으로 PX라고 부른다. 이는 영어인 'Post Exchange'에서 온 말이다. 과거 1800년대 미군은 부대 안에 병사들의 편의를 위해서 상점을 설치하기 시작했다. 부대를 의미하는 영어 'Post'와 상점 또는 교환을 의미하는 'Exchange'가 합쳐져 부대 내 매점을 PX라고 부르게 되었단다. 공군의 경우에는 비행단 등 큰 기지(Base) 단위로 편성되어 있어서 'Base Exchange'라고 하여 BX라고 부른다. 참고로 해군은 PX라고 부르긴 하는데 군함이 출항하는 항구를 의미하는 'Port'를 사용하여 'Port Exchange'라고 한다니 참으로 흥미롭다.

PX는 국방부에서 통제하는 국군복지단에서 관리한다. 요즘은 충성마트 혹은 충성클럽이라고 부른다. 부대 안에 있는 PX는 충성클럽이라고 하는데, 주로 병사들이 사용하기 좋게 만들어져 있다. 물건도 모두 면세품이고 젊은 20대 군인들이 좋아할 만한 라면이나 과자류, 음료, 빵 등이 주력 품목이다. 군인 체육복이나 속옷, 각종 군장류를 팔기도 한다. 부대 밖에 있는 PX는 충성마트라고 부른다. 격오지에 근무하고 있는 군인과 그 가족들은 일반 슈퍼마켓이나 대형마트에 가기 어렵다. 그래서 일반적인 쇼핑이나 편의시설을 대체하기 위해 군에서 충성마트를 설치해 생활편의를 지원하고 있다. 충성마트는 주로 군인 가족들이 많이 이용하기 때문에 가정생활에 필요한 생활 필수품이나 식료품이 많다. 여성 고객을 위해 화장품도 품목이 상당한 편이다. 10여 년 전만 해도 군 PX에서 여성 화장품을 보는 것이 어려웠다. 그런데 이제는 군 PX 화장품이 얼마나 유명한지 병사들이 휴가 갈 때마다 여자친구나 어머니, 누나 등 가족을 위해 PX 화장품을 다량 구매하는 광경을 자주 볼 수 있다. 재미있는 것은 PX에서 일반적으로 면세 주류 옆에 홍삼이나 비타민 등 건강보조식품이 진열되어 있다는 것이다. 술로 떨어진 건강을 건강보조식품으로 다시 복구하자는 뜻인지 궁금하다.

PX 혜택이 얼마나 좋은지 알려 주는 사례가 있다. 최근에 PX를 지역 내 일반인에게 개방하고자 한 적이 있다. 그런데 막상 개방하니 엄청난 인파가 몰려와서 물건을 구입하려고 난리가 났다. 주변에 비해 가격이 너무 저렴하니 멀리서도 찾아온 것이다. 그러다 보니 일반 상점의 매출은 급감하여 상인들의 불만이 솟구쳤다. 그리고 기존 군인 가족들도 사람들이 너무 몰리니 줄을 서야 하고 불편해졌다. 그래서 다시 PX의 일반인 개방은 없던 일이 되었다. 그런 좋은 혜택을 군인 가족은 거주지역 바로 옆에서 받고 있는 것이다. 정말 큰 혜택이다.

'복품아'는 군인아파트 옆에 복지회관과 충성마트가 기본 옵션으로 되어 있다. 복지회관은 보통 사·여단급 부대에 지역별로 1~3개 정도 있다. 육군의 전방 사단의 경우 전방에 2개의 여단이 배치되어 있고, 후방에 1개의 여단과 사단 사령부가 함께 모여 있다. 여단별로 군인아파트와 독신자 간부숙소, 복지회관을 같이 갖추고 있다. 그리고 후방에는 군인아파트와 간부숙소, 복지회관이 모여 있다. 이런 경우에는 지역별로 복지회관이 1개씩 설치되어 있다. 복지회관도 PX처럼 편의시설이 없는 격오지에 군인의 복지를 위해 만들어서 지원하는 시설이다. 일반적인 육군의 복지회관은 2층 건물인데 여기에 숙박시설이나 식당, 목욕탕 등이 들어서 있다.

일반적인 복지회관에서 가장 중요한 것은 식당 기능이다. 예로부터 군인복지회관의 주력 메뉴는 삼겹살이었다. 부대에서 간부 회식을 하면 복지회관의 큰 룸을 빌려서 소주에 삼겹살을 구워 먹었다. 그런데 최근에는 많은 메뉴의 변화가 있다. 삼겹살뿐만이 아니라 불고기, 갈비, 돈까스, 오리구이 등 외부 세상의 변화에 맞게 메뉴가 다양해지고 있다. 바닷가에 위치한 부대 복지회관에서는 생선회나 매운탕도 시킬 수 있다. 변화하지 않으면 군인도 복지회관을 더 이상 이용하지 않을 것이기 때문이다. 복지회관의 가격은 이게 실화인가 싶을 정도로 매우 저렴하다. 삼겹살의 경우 1인분 200g 내외 기준으로 6,000~8,000원 정도이다. 물론 부대마다 가격이 조금 차이가 있다. 하지만 일반 시세가 15,000원 정도 하는 것을 고려하면 매우 싼 가격이다. 복지회관은 군부대 땅에서 군부대 시설에 있기 때문에 일단 가게 임대료가 나가지 않는다. 그리고 종업원도 군인들로 채워지기 때문에 인건비도 들지 않는다. 또 기본적으로 복지회관 개념이 좀 적자를 보더라도 저렴하게 서비스를 하는 것이기 때문에 무조건 싸게 준다. 이러한 혜택을 자기 집 바로 옆에서 누리다니 정말 대단하지 않은가?

복지회관의 1층이 식당이라면 2층에는 숙박시설이 있다. 복지회관의 규모에 따라 다르지만, 보통 10평 내외의 방을 4개에서 10개 정도 보유하고 있다. 방에 침대가 있으면 양실이고, 침대가 없이 온돌바닥이면 한실이다. 에어컨이나 냉장고, TV, 화장대 등을 갖추고 있고 안에 화장실과 욕실까지 있어서 웬만한 비즈니스호텔 못지않다. 이 방의 숙박 가격도 매우 저렴해서, 대체로 2만 원에서 4만 원 사이의 놀라운 가격을 선보인다. 호텔은 예약이 가장 어려운 일인데, 복지회관 숙박은 인터넷 기반의 '육군 休드림' 앱을 통해서나 일반 전화 등을 통해서 예약을 할 수 있다. 일반적으로 주말에는 예약이 좀 어려운 편이지만 평일이나 일요일 저녁에는 대체로 방이 여유롭다. 하지만 여름 휴가철에는 예약이 급증하고, 특히 바닷가나 경치가 좋은 산이나 계곡이 옆에 있는 부대는 예약이 가득 차니 미리 움직여야 한다.

요즘에는 부대회관 옆에 예쁘게 꾸민 카페도 많이 찾아볼 수 있다. 복지회관의 한 공간에 민간 카페를 위탁관리로 들여온 경우도 있고, 부대에서 자재를 구입하여 카페로 개조한 경우도 있다. 부대 카페라고 커피 맛이 저급할 것으로 미리 선입관을 갖지 말자. 요즘은 대한민국에 바리스타가 워낙 많아 복지회관 카페에서도 수준 높은 커피 맛을 누릴 수 있다. 복지회관별로 원두를 나름의 노하우로 배합하여 자기만의 시그니처 커피 메뉴를 선보이는 곳도 많다. 국방부에 있는 육군회관의 경우가 대표적이다. 고품질 원두를 블렌딩한 특유의 아메리카노를 선보이는데 그 맛이 개성이 강하여 한번 맛보면 자꾸 찾게 된다. 아무튼 아파트 옆에서 음악을 즐기면서 향기로운 커피 한잔을 할 수 있는 여유가 있다는 것도 상당히 즐거운 생활이다.

이것이 다가 아니다. 복지회관 옆에 풋살장이나 테니스장이 있는 경우도 있다. 테니스는 예전부터 군인과 군인 가족들이 많이 즐기던 운동이었다. 그래서 군부대나 군인아파트 인근에는 테니스장이 꽤 있다. 테니스장에는 동아리가 형성되어 있고 코치가 1명 정도 있어서 시설물 관리도 하고 레슨도 한다. 요즘에는 지자체별로 테니스장을 많이 지어서 주민들이 사용하도록 하기도 한다. 풋살은 최근에 많이 하는 운동으로 좁은 공간에서 큰 움직임과 역동감 있는 경기로 인해 많은 팬들이 생기고 있다.

나도 처음에는 전방 군인아파트에 대한 오해와 선입관이 있었다. 격오지에 있어서 허름하거나 생활 편의시설이 취약할 줄 알았다. 그런데 실제로 전방 생활을 해보니 의외로 재미있는 점이 많다. 산속에 있는 별장 같다고나 할까? 원래 별장은 경치가 좋은 자연 속에 지어 놓은 집이다. 그런데 군인아파트에서도 이런 별장처럼 좋은 자연환경 속에서 다양한 편의시설과 함께 지낸다. 나름의 생활 복지 콤플렉스가 아닐까 한다.

계룡대나 상무대같이 규모가 매우 큰 군인아파트는 더 대단하다.

실내 수영장도 있고, 대규모 골프 연습장도 있다. 충성마트도 엄청난 규모를 자랑한다. 군인이나 군인 가족이 즐길 수 있는 문화센터도 있다. 대한민국에서 군인과 군인 가족으로 생활하는 것도 나쁘지 않다는 생각이 든다. 물론 서울 시내 강남 같은 곳과는 비교할 수 없겠지만 국가를 위해 봉사한다는 자부심과 함께 다양한 군 복지를 경험할 수 있다.

군인 남편을 따라 생전 처음 강원도 전방으로 이사를 가는 새댁.
멋지고 좋은 관사를 주면 좋으련만,
젊은 군인에게는 왜 그렇게 낡고 좁은 관사만 나오는 건지...

그래도 젊은 새댁에게는 더 나은 삶을 살겠다는 꿈이 있다.
그 꿈을 마음에 품고 남편과 함께 여기로 온 것이리라.

지금이야 허름하고 낡은 관사에서 살고 있지만,
가족의 행복과 남편의 성공을 위해,
더 나을 내일을 위해!

2

낭만과 애환의 군관사 표류기

나의 첫 신혼집은 민통선 이북

여자로서 신혼살림은 특별한 의미가 있다. 어릴 적에 꿈꾸던 아기자기한 소꿉놀이 같은 로망이 결혼생활에 어느 정도 투영되어 있을 것이다. 신혼살림 말고도 신혼을 시작하는 신혼집도 큰 의미가 있다.

이제 막 결혼하는 예비 주부들의 로망은 깔끔하고 예쁜 신혼살림이다. 요즘 신혼살림에는 3대 아이템이 있다. 바로 식기세척기, 건조기, 그리고 로봇청소기이다. 대부분의 신혼부부들이 맞벌이를 하기 때문에 설거지를 하고 빨래를 널고 집을 청소하는 것은 기계가 대신 해줘야 한다. 식기세척기를 '식세기 이모'라고도 부른다. 건조기와 로봇청소기 등 이모들이 많이 필요한 시대이다.

과거에는 부부가 결혼하면 일반적으로 월세부터 시작했다. 돈을 벌어서 월세에서 전세로 건너간다. 그리고 자녀들이 성장하면서 자가를 스스로 마련하는 경우가 많았다. 하지만 요즘은 신혼집도 기본적으로 30평에서 시작하는 것 같다. 일단 결혼 연령이 늦어져서 돈을 모을 시간이 많은 편이다. 남성뿐 아니라 여성들도 교육을 많이 받고 경제적인 능력이 강하다. 여성도 남성 못지않게 돈을 잘 번다. 결혼 전까지 1억 이상씩 모은 예비 신부도 흔하다. 그러면서 아예 30평 신축 아파트부터 신혼살림을 시작한다.

옛날 거의 30~40년 전에는 지금보다 대한민국 사회가 많이 가난했다. 또 전방 겨울은 얼마나 추웠는지 모른다.

영희는 처음 강원도 화천이라는 곳에서 살아 보게 되었다. 우연히 만난 친척 오빠의 친구가 군인이었다. 그때는 계급도 뭔지 잘 몰랐다. 알고 보니 육군 중위였다. 그의 이름은 철호. 대학교에서 ROTC로 우수한 성적으로 졸업하고 육군 소위가 되었단다. 그도 우연히 만난 친구의 여동생이 무척이나 마음에 들었다. 그들은 연인에서 부부가 되었다.

그런데 신혼의 단꿈도 잠시, 철호는 강원도 화천 육군 최전방 부대의 중대장으로 발령을 받았다. 서울에서 나고 자란 영희는 강원도에 가본 적이 한 번도 없었다. 하지만 신랑을 믿고 용달차에 이삿짐을 싣고서 강원도 화천으로 길을 떠났다.

"아니, 11월인데 벌써 눈이 내리고 있네!"

용달차 창문 너머로 굵은 눈발이 흩날렸다.

"이야, 강원도 날씨가 알아준다는데 역시 실망을 시키지 않네."

새벽에는 길이 얼어붙어 버리는 강원도 겨울의 초입이었다.

"길이 험한데 눈까지 쌓여서 오늘 못 가겠는데요."

용달차 운전사는 짐이 무거워서 살얼음이 언 말고개를 넘지 못한다고 하였다. 강원도 화천의 말고개는 말이 아니면 넘지 못한다고 해서 말고개였다. 고개도 험하지만 길이 너무 꼬부랑했고 겨울에는 거기에 눈과 얼음이 깔린다. 할 수 없이 철호와 영희는 말고개를 넘지 못하고 사단 회관에서 이삿짐을 세워 놓고 1박을 하였다.

산길을 달리는 중에도 영희는 너무나 불안했다.

"여보, 우리 북한으로 넘어가는 것 아니지?"

그런데 이 말이 씨가 될 줄이야. 다음 날 관사에 도착한 영희는 망연자실했다. 북한까지는 아니었지만 영희가 앞으로 살아야 할 관사는 민통선 너머에 있는 관사였다. 북한과 더 가까이에 있는 집이었다.

그 관사의 이름은 마현 관사.

"여보, 주변에 산밖에 없어."

주변에 가게 하나 없는 황량한 불모지 같은 동네였다. 부대 바로 옆 100미터도 안 되는 곳에 이런 단층짜리 관사들이 6채가 모여 있었다. 그 앞에는 허름한 놀이터가 있다. 관사는 방 2개, 부엌 하나 있는 15평짜리 단층주택이었다. 그래도 이렇게 집을 주는 것이 어디인가 싶어서 영희는 열심히 살았다. 마당에 상추도 심고, 고추도 심었다. 곰팡이 핀 벽지를 뜯어내고 새로이 도배도 했다.

남편 철호는 GOP라는 데로 올라갔다. 알고 보니 GOP는 북한과 맞닿은 철책을 맡고 있는 부대였다. 6개월 동안 경계근무를 서는데, 한 번 들어가면 6개월 동안 나올 수가 없는 곳이다.

정말 GOP라는 곳은 블랙홀과 같은 곳이었다. 전화도 안 되고 생사를 확인하기도 힘들었다. 6개월 동안 못 나오는 GOP 근무이지만 결혼을 한 간부들은 한 달에 한두 번 집으로 보내 준다고 한다. 하루 동안 가족들과 시간을 보내고 오라는 거다. 하지만 철호는 한 번도 나오지 않았다. 이제 막 대위를 달고 중대장을 시작하는 철호는 부대에서 열심히 근무할 수밖에 없는 상황이었다. 그래야 또 진급을 하고 가족을 먹여 살릴 수 있으니까. 결국 영희가 남편 철호를 만난 건 6개월이 지나서였다.

혼자 있는 강원도 접경지역의 밤은 너무나 무섭고 또 외롭기까지 하였다. 그때는 아직 신혼이기 때문에 아이가 없었다. 여자 혼자 낯설고 오래된 관사에서 잠을 청하는 것은 쉬운 일이 아니었다. 영희는 결혼생활이 실감도 나지 않았고 사실 군인 가족으로 준비도 되어 있지 않았다. 이런 영희를 도와준 것은 같은 부대의 군인 가족들이었다.

"반가워요, 새색시."

"이런 골짜기까지 남편하고 같이 오고 정말 대단하다."

그때 영희의 집으로 우르르 찾아온 주임원사 가족과 선배 장교 가족들이 아직까지 기억난다.

"전방에서 살려면 주말에 한 번씩 먹을 것들을 밖에서 사 와야 해."

"그리고 밭에서 간단한 채소를 키워야 수시로 먹을 수 있어."

같은 부대의 군인 가족이라는 소속감도 있었지만 영희와 같은 처지의 가족들이라 더욱 정이 갔다.

처음에는 사람이 사는지도 몰랐지만 관사에는 다른 군인 가족들도 있었다. 이사를 하고 다음 날 남편 철호는 바로 부대로 아침 일찍 첫 출근을 해버리고 혼자 있는 영희는 내성적인 성격이라 다른 관사를 찾아가 인사할 엄두도 내지 못했다. 하지만 시간이 지나면서 관사 앞 놀이터에서 만난 다른 군인 가족들과 인사를 하면서 친해지게 되었다. 그들과 동병상련의 정을 느꼈고 서로 고민도 이야기하면서 자매처럼

지내게 되었다.

영희가 살고 있는 관사는 민통선 이북에 있었다. 민통선은 민간인 통제선이다. 민간인이 다닐 수 없는 곳이다. 즉 북한과 더 가까이 있는 전방지역이다. 그러니 일반인은 거의 만날 수 없었다. 농사짓는 어르신들이나 가끔 볼 수 있다. 맨날 보는 것은 산이고 하늘밖에 없었다. 관사 앞을 지나는 군용 차량이나 행군하는 군인들은 자주 볼 수 있지만 말이다. 군인만 있는 민통선 이북 지역은 공기마저 긴장감이 감돌았다. 매일 북한에서 들려오는 대남방송은 여기가 북한인지 대한민국인지 헷갈리게 할 정도였다.

서울도 만만치 않게 추웠지만 강원도 화천의 겨울은 사람이 살기에 너무너무 추웠다. 수시로 영하 20도 넘게 떨어진다. 밤에는 너무 추워 다닐 수가 없을 정도였다. 관사 안도 추워서 말을 하면 김이 나왔다. 창문마다 웃풍이 들지 않도록 테이핑을 해놓고 부엌과 화장실에는 수도가 얼어 터지지 않도록 물을 틀어 놓아야 했다. 당시에는 연탄을 때

었는데 새벽마다 일어나서 연탄을 갈아야 아침까지 그나마 따듯하게 잘 수 있었다. 힘든 생활이었지만 그래도 영희는 남편 철호의 성공을 위해 스스로 희생할 준비가 되어 있었다. 그래서 생전 처음 가보는 강원도 화천에서 아이도 낳고 군인 가족으로 살아갔던 것이다.

이제 어느덧 20년이 지나갔다. 철호는 대령의 계급장을 달고 있고, 영희도 나이 50이 넘은 중년의 부인이 되었다. 화천에서 낳은 아이들은 이제 대학생이 되어 있다.

영희는 아직도 첫 신혼살림을 민통선 이북 낡고 허름한 군관사에서 시작한 것에 감정이 많다. 그 젊고 어린 나이에 혼자 외롭게 신혼살림을 한 것이 스스로 대견하기도 하다. 남편 믿고 정말 철없이 강원도까지 따라간 것을 생각하면 황당해서 지금도 헛웃음이 나온다. 지금 딸아이가 그렇게 군인에게 시집을 간다고 하면 맨발로 뛰어가서 말릴 것이다. 하지만 그때는 철호도 젊고 영희도 젊었다. 그리고 신혼의 꿈도 있었다. 그 꿈 하나 믿고 지금까지 살아왔다.

없는 살림에 외롭고 힘들었지만 그래도 그때가 좋았었다. 군인이던 남편은 젊고 멋있었다. 영희 자신도 젊고 예뻤다. 이제는 가끔 그 시절로 돌아가고 싶은 마음도 있다. 가끔 그 언니들이 생각이 난다. 서로 바쁘게 살아가다 이제는 연락이 끊겼다. 자매같이 서로 도와주고 함께 마실 가던 그 언니들은 지금 어디에 살고 있을까?

거기 사람 사는 곳인가요?

제 이름은 영숙입니다. 군인 가족이에요. 남편은 부사관으로 경기도에 있는 군부대에서 근무 중이지요. 군인 남편과 결혼하여 여기 산속의 군인관사에서 산 지 벌써 3년이 다 되어 가네요. 제가 사는 군인관사는 남편이 근무하는 부대 바로 옆에 있어요. 좀 허름하고 낡았기는 하지만 산속에 있는 산중별장입니다.

관사에는 모두 6가구가 함께 살고 있어요. 15평짜리 단층주택입니다. 2개 세대가 하나의 관사로 붙어 있어요. 관사 앞마당에는 밤나무들이 그렇게 많아요. 공기도 맑고 경치도 끝내줍니다. 이 관사도 좀 낡은 집이라서 비가 오면 물도 새고, 벌레도 많이 들어와요. 남편 말로는 한 30년 넘은 오래된 관사라고 합니다. 그런데 산속이라 의외로 등산객이 많이 다녀요. 관사에서 나오다 등산객을 만나면 그 사람들이 더 깜짝 놀랍니다.

"거기 사람이 사는 곳인가요?"

"이런 데 사람이 살아요?"

저도 처음에는 그렇게 생각했습니다. 수풀이 우거지고 주변에 블록 담장이 허름하게 쌓여 있으니 일반적인 사람 사는 분위기는 아니긴 해요. 또 외부인 출입금지, 군사시설 보호구역 간판도 꽂혀 있으니 더욱 놀랄 수밖에요.

하지만 여기도 사람이 사는 곳이랍니다. 일단 주소가 있구요. 경기도 연천군 신서면 대광리 산 15-1번지입니다. 산이긴 하네요. 갑자기 〈나는 자연인이다〉 프로그램이 생각나긴 합니다. 하지만 저는 자연인은 아니구요. 물론 자연을 사랑하긴 합니다. 아침에 일어나면 새들의 아침 기상송을 들을 수 있어요. 저는 새들이 이렇게 시끄러운 줄 몰랐어요. 새들의 소리가 아름답기는 한데 말이 너무 많아요. 너무 시끄러워요. 아침 일찍 일어날 수밖에 없는 환경입니다. 그리고 공기가 무척 맑고 깨끗해요. 얼마 전까지 미세먼지가 문제였잖아요. 그때에도 여기는 공기가 숨 쉴 만한 편이었답니다. 나무들이 워낙 많아 미세먼지를 다 흡수해 버린 것이지요. 아! 확실한 것은 여기 사는 사람보다 여기 사는 나무가 훨씬 더 많아요.

오전에는 남편을 출근시켜서 보내고 저는 집 안을 정리합니다. 그러다 한 10시쯤 되면 옆집 친한 군인 가족 후배가 집으로 놀러 와요. 제가 바리스타 자격증이 있거든요. 집에서 잘 구운 원두를 갈아서 은은하게 원두커피 두 잔을 내립니다. 그리고 집 밖의 정원에 있는 원목의자에 앉아서 커피를 마시며 햇살을 즐기지요. 아! 이 원목의자는 우리 남편과 옆집 삼촌이 같이 만든 거예요.

그리고 우리 둘은 오늘 점심을 뭐 먹을 건지 작전을 짭니다. 서로 냉장고에 먹을 만한 것이 뭐가 있는지……. 그리고 한바탕 수다를 떨지요. 아! 우리 집에 부침개 가루가 좀 남아 있어요. 그래서 뒷마당에서 곰취 잎을 좀 따서 그것으로 곰취 부침개를 해 먹기로 했습니다. 저는 부엌으로 가서 부침개 가루를 물에 개어 휘젓고 있습니다. 후배 가족이 곰취를 몇 장 따 오네요. 그것을 씻어서 부침개 반죽과 혼연일체를 시킵니다. 그리고 프라이팬에 과감하게 던집니다. 지글지글 비 오는 소리가 나네요. 이러다 막걸리까지 가면 안 되는데 말입니다. 겉은 바삭하고 속은 향긋한 곰취 향이 나는 곰취 부침개가 완성이 되었습니다. 어제 남은 밥과 같이 부침개를 간장에 찍어 맛나게 먹습니다.

그리고 계속 수다는 이어지지요. 깔깔깔. 얼마나 재밌는지 후배 가족은 방바닥을 손으로 치면서 폭소를 터뜨립니다. 이거 참 위험한 행동이지요? 아파트라면 큰일 날 수 있는 일입니다. 아랫집에서 시끄럽다고 올라와 항의할 수도 있죠. 하지만 산속 단독주택에서 바닥을 쾅쾅 치면 어떻게 될까요? 아래층이 없습니다. 아하! 혹시 땅 밑의 두더지가 시끄럽다고 올라올 수는 있어요. 하지만 아직까지 두더지가 찾아와서 초인종을 누른 적은 없답니다. 층간소음 걱정 없는 천혜의 환경입니다. 어린 아이들 키우기 딱 좋아요. 아직 저희 부부에게는 아이가 없어서 이런 혜택을 제대로 누리지 못하네요.

하지만 아이들이 학교 가기 전까지만 딱 좋습니다. 여기 교통이 불편한 건 사실이거든요. 산속 관사에서 아래 버스 정류장까지 걸어가더라도 30분은 내려가야 합니다. 버스 정류장에서도 서울처럼 바로 버스가 오는 것도 아니랍니다. 하루에 네 번 정도 다녀요. 잘못 버스를 놓치면 2시간은 족히 기다려야 합니다. 그래서 자가용 차가 없으면 살기 힘들어요. 지금은 그래도 가정주부에게도 차가 있지요. 옛날에는 차도 없고 정말 살기 힘들었을 것 같네요. 아이들이 학교에 가면 엄마가 승용차로 학교까지 데려다줘야 해요. 매일 아이들 학교 셔틀 빵빵이가 쉽지는 않아요.

단독주택 앞 마당에서는 강아지나 고양이 같은 동물을 키울 수도 있습니다. 텃밭을 만들어 자그만 농장을 만들 수도 있어요. 자연 속에서 전원생활을 즐길 수 있지요. 군사보호구역이고 민간인 출입금지라는 팻말도 앞에 서 있기 때문에 일반인들이 들어오지 못해요. 완전한 사생활을 보호할 수 있어요. 어떻게 생각하면 산을 하나 통째로 가지고 있는 느낌이에요. 그렇다고 자연을 마구 남용하면 안 돼요. 산에서 함부로 불을 지피거나 산 채취물을 가지고 가는 것은 불법이니까요.

군인관사의 주말은 매우 특별해집니다. 본격적인 주말 힐링 라이프가 시작된다고 할까요? 평소에 바쁜 부대 업무로 보기 힘든 남편들이 하나둘 나타나기 시작합니다. 남편들은 아내와 단란한 시간을 보내기도 하고 차를 타고 마트에 나가서 한 주일 동안 먹을 식재료를 사 오기도 합니다. 차로 30분 나가야 마을입니다. 마을에 나가 장도 보고 오랜만에 카페에서 커피를 마시기도 합니다. 외진 곳이라 영화관은 없어요. 그래도 요즘에는 넷플릭스가 있어서 정말 다행입니다.

저녁이 되면 가든파티가 열리기도 합니다. 손재주가 좋은 옆집 삼촌이 만든 바비큐통이 마당 옆에 있습니다. 이번 주는 우리 집과 옆집 후배 가족이 바비큐 파티를 하기로 했어요. 남편들이 바비큐통에 숯을 넣고 불을 피웁니다. 연기가 슬슬 올라오네요. 이제 불판에 고기를 올리고 굽습니다. 지글지글 소리가 들립니다. 저와 후배 가족은 바로 옆 텃밭에서 상추를 따서 준비를 합니다. 멀리 캠핑장 갈 필요가 없네요. 집 앞에서 친한 후배 가족들과 멋진 바비큐 파티를 할 수 있습니다.

남편 따라 멀리 연천까지 왔는데 생각보다 살 만합니다. 자연과 함께 그리고 좋은 이웃들과 함께하지요. 하지만 평생 이렇게 살 생각은 없습니다. 저도 사실 도시 여자랍니다!

하지만 젊은 시절에는 이렇게 산속 군인관사에서 살아 보는 것도 나쁘지는 않습니다. 이것도 젊은 시절의 특권이 아닐까 합니다.

어느 군인 가족의 눈물

대통령 소속 국가건축위원회라는 조직이 있다. 대한민국의 건축 기준을 세우고 주요 건축정책을 조율하는 국가기구이다. 어느 날 국방부와 회의를 통해 국가건축위원회에서 군인관사에 관심을 가지게 되었다. 그래서 국방부에서는 국가건축위원회의 고위직분들을 모시고 강원도 화천 15사단으로 헬기를 타고 갔다. 국가건축위원회 담당자들은 옛날 관사 생각을 하고 있었고, 현재 군인아파트가 어느 정도 상태인지 현장을 보고 싶어 했다.

처음에는 화기애애했다. 부대 담당자들의 현황 브리핑이 이어졌고, 사단장님과 고위급 면담을 하기도 하였다. 모든 것은 실무진인 우리가 짜 놓은 스케줄대로 착착 돌아갔다. 이어진 군인관사 현장방문은 15사단의 모 관사를 방문했다. 사실 거기서는 사단에서 준비해 놓은 몇 명의 군인 가족들과 면담이 계획되어 있었다. 그런데 여기서 문제가 발생했다. 먼발치서 우리를 지켜보던 몇 명의 군인 가족들이 우리 쪽으로 다가오는 것이 아닌가! 그것도 어린 아이를 업고서! 알고 보니 원래 계획되어 있던 군인 가족들이 아니고 현장에서 즉석으로 모인 군인 가족분들이었다.

이들은 평소처럼 군인아파트 놀이터에 마실을 나와 있었다. 그런데 처음 보는 양복쟁이들이 군인아파트 앞에 우르르 모여 있는 것을 보고 무슨 일인지 궁금해서 계속 미심쩍게 지켜본 것이다. 그 양복쟁이들은 부대 복지 담당자와 몇 명의 군인 가족들과 함께 현장에서 회의를 하는 것 같았다. 군인 가족들은 군관사 이야기가 나오니 귀를 기울여 들어 보았단다. 군인 가족 입장에서 예산이고 계획이고 다 필요 없다. 지금 살고 있는 노후한 군인아파트를 언제 고쳐 줄 것인지에만 관심이 있다. 그런데 그런 말은 하나도 없고 인사치레만 나온다.

"군인 가족을 위해 많은 노력을 기울여 주셔서 부대 관계자분들께 감사드려요."

"부대에서 많이 신경 써 주셔서 그래도 잘 지내요."

"하하하, 그러시군요."

회의에 참석한 군인 가족들은 딱 봐도 사전에 지정된 가족들이었다. 그녀들은 국가에 감사한다느니, 부대에서 많은 노력을 하고 있다느니, 이런 날조된 말을 하고 있었다. 분노한 다른 군인 가족들은 맨발에 슬리퍼를 신고, 또 아이를 업고 회의 현장을 덮쳤다. 그녀들은 분노해서 현장에 들이닥친 것이다. 한마디로 실제 여론은 그렇지 않은데 여론을 조작하자 민중의 분노가 폭발한 것이다.

처음에는 군인 가족들은 항의를 하였다. 분노 게이지가 상당히 높았다. 우리 실무진 입장에서는 매우 위험한 상황이었다.

"아니, 저희가 무슨 죄를 지었길래 이런 허름한 집을 주셔서 지금까지 5년 넘게 살고 있어요."

"집에 곰팡이가 하도 심해서 아이가 아토피가 생겼어요. 이게 얼마나 끔찍한 건지, 맨날 밤마다 간지러워서 벅벅 긁는데 피가 나고 딱지도 지고 정말 미치겠어요."

정말 피딱지가 생긴 아이를 업고 온 군인 가족 한 명은 처음에는 화를 내다가 갑자기 펑펑 울기 시작한다. 화기애애하던 분위기는 당황스럽게 바뀌었다가 나중에는 숙연해진다. 국가건축위원회 고위직분들 모두 말을 잃은 채 고개를 숙이고 있다.

죄 없고 순수한 군인 가족들이 곰팡이가 가득한 허름한 아파트에서 살고 있단다. 이 사람들은 군인 남편을 만난 죄밖에 없다. 군인 남편들은 부대 일 한다고 매일 아침 일찍 출근하고 밤늦게 퇴근하는 정신없는 사람들이다. 군인 남편들은 국가에서 쓰고 있다. 거의 과용하는 수준이다. 그러면 홀로 된 군인 가족들을 지켜 줘야 할 사람은 누구일까? 바로 국가이다. 군인 가족들에게 좋은 아파트를 제공하고 편하게 생활하도록 지원을 해야 한다.

4~5명의 군인 가족들이 항의하자 국가건축위원장님은 정성스러운 사과를 하셨다. 사실 그분은 군인 주거정책에 책임이 없으신 분이다. 오히려 도와주러 이 멀리 강원도 전방까지 오신 분이다. 그런데 진심 어린 사과를 하신다. 화가 난 군인 가족들도 진심 어린 사과 앞에 더 이상 불만을 표출하지 않았다.

그러면 여기에 정말 책임이 있는 사람은 누구일까? 누가 이 화난 군인 가족들에게 사과를 해야 할까?

인제 신남? 인제 원통!!!

'인제 신남'은 이제 젊은이들의 하나의 아이콘이다. 인터넷으로 '인제 신남'을 검색하면 엄청난 블로그와 사진들이 나온다. 여름 휴가철, 서울에서 나와서 서울-양양 고속도로를 타고 한참 가다 보면 '인제 신남' 도로표지판이 나온다. 사실 주변 지명이 인제군과 신남면이다. 하지만 본능적으로 느낀다. 이제 동해바다에 다 왔구나! 이제 곧 신나는구나!

하지만 군인 가족들에게 인제와 신남은 격오지의 아이콘이다. 지금에야 고속도로가 잘 뚫려 있지만 과거에는 도로가 불편했다. 또 위수지역이 철저했던 시기라 어딜 맘대로 다니지도 못했다. 마트도 없고 병원도 없다. 자동차도 드문 시기에 인제와 원통, 신남에 근무하는 것은 격오지에 유배된 것이나 다름없었다. 군인 가족들 사이에서 하는 말 중에 "인제 가면 언제 오나, 원통해서 못 살겠네"라는 말이 있다. 신랑의 다음 근무지가 악명 높은 강원도 오지, 인제와 원통으로 되었단다. 이제 거기 들어가면 꼼짝없이 몇 년간은 나오지도 못하고 고생할 것이다. 답답하고 외롭다. 남편들도 어깨가 축 처진다. 군인 가족들의 눈물이 느껴진다.

그당시 군인 가족들에게는 '이제 신남'이 아니다. '이제 원통함(인제 원통)'이다.

원통(元通)은 인제군 북면 원통리이다. 사실 '모두 통한다'고 해서 원통이다. 453번 지방도인 서화축선에서 근무하는 수많은 군인들이 휴가나 외출, 외박을 나가면 모두 원통리에 모인다. 예로부터 원통은 인제의 중심지 역할을 했다. 숙박업소부터 식당, 술집까지 꽤 많은 상권이 형성되어 있다. 또 거기에는 원통 버스터미널이 있다. 원통에서 미시령을 넘어 양양, 속초, 간성으로 가기도 한다. 또 홍천이나 원주, 양구, 춘천으로 갈 수도 있다. 수도권으로는 동서울터미널, 수원, 고양, 안산, 의정부로 통하기도 한다.

예전에는 고속도로가 없었다. 강원도까지 가려면 굽이굽이 도는 옛날길을 이용할 수밖에 없었다. 아직도 옛길이라고 산을 끼고 도는 1차선 도로들이 있다. 배를 타고 들어가는 지역도 있었다. 강원도 양구까지 들어가려면 배를 타고 호수를 지나 양구 선착장에 내려 들어갔단다.

당시 1985년도 5월, 광주 상무대. 이제 막 소위를 단 젊은 장교들이 전방부대로 초군반 실습을 하러 간다. 새벽 6시 상무대 기차역에 군장을 멘 수백 명의 소위들이 나타난다. 그리고 그들에게 허락된 특별 열차편. 군 전세 무궁화 열차이다. 군기가 가득 든 머리 짧은 청년들은 긴장한 자세로 열차를 탄다. 어느새 도착한 서울 청량리역…….

"여기서 이제 헤어지는구나."

청량리역에 여러 대의 군부대 버스가 기다리고 있다. 버스 앞에는 '5사단', '6군단'처럼 부대 번호가 쓰여 있다. 인솔자 대위가 나와서 이 버스에 탈 명단을 부른다. 거기서 경기도 전방부대인 파주나 연천, 철원으로 가는 사람들은 나눠서 타고 간다. 나머지는 다시 무궁화 열차를 타고 강원도 춘천으로 간다.

춘천역에는 사단별로 인사처 사제장교 대위들이 기다리고 있다.

"여기 2사단하고 21사단 집합해라."

무적 노도부대와 백두산부대로 배치된 소위들이다. 훈련이 힘들고 엄하다고 소문난 '메이커' 진짜 부대다.

그들은 부대 버스에 몸을 싣고 굽이굽이 옛길을 타고 부대로 이동한다. 정말 길고 긴 여정이다. 아침 6시에 상무대에서 열차를 타고, 청량리에서 경춘선을 갈아타고, 다시 또 춘천에서 버스를 타고 온다. 거의 6시간이 지났다. 그런데 웬 거대한 호수 앞에서 버스는 또 선다.

"여기서 내린다!"

황당해하는 소위들 앞에 배가 있다.

"또 배를 탄다고?"

"유람선인가?"

배를 타고 파로호를 지난다. 이윽고 양구 선착장에 내려 다시 버스를 타고 부대로 향한다. 사단 도착 시간은 저녁 7시. 각자 자대에 도착하니 밤 10시가 다 되어 있다. 신임 소위들의 군생활 시작은 너무 가혹하고 피곤했다. 그 먼 곳에서 그들은 씩씩하게 군생활을 해 나갈 것이다.

군인 가족들도 마찬가지이다. 인제로, 양구로 이사를 가는 길은 이것이 북한으로 가는 길인가 싶을 정도로 오지이다. 민가가 없다. 다 산과 나무밖에 없다. 그러다 난생 처음 보는 허름한 군관사로 안내된다.

"여기 사람 사는 데 맞아요?"

그래도 남편 하나 보고 여기까지 왔는데…….

'인제 가면 언제 오나? 원통해서 못 살겠네.'

군인 가족의 생각일 수도 있고, 딸을 군인에게 보낸 장인장모님의 생각일 수도 있다. 못난 사위 만나서 딸을 이렇게 고생시킨다.

나무가 많아 다목리(多木理)

강원도 화천군 상서면 다목리. 나무가 많아서 다목리이다. 차를 타고 가면 1차선 도로를 지나 주변에는 산밖에 없다. 산이 높아서 하늘이 좁아 보인다. 나무의 밀도가 너무 높다. 나무가 많아서 그런지 공기 하나는 끝내준다. 너무 맑다.

강원도 화천군 상서면 산양리. 이곳은 흔히 '사방거리'라고 불린다. 사방거리 도로 앞에는 표지석도 서 있다. 사방거리라는 이름의 유래에는 두 가지 설이 있단다. 6·25 전쟁 이후 피난민들과 군 전역자들이 주변 사방에서 모여들어 조성한 마을이라서 사방거리라는 설이 있다. 또 이곳이 십자형 도로와 나름 교통의 요충지라서 사방으로 도로가 뻗어 있어서 사방거리라는 이야기도 있다. 여기도 과거에 꽤 큰 상권을 자랑했다고 한다. 이곳을 지키는 15사단의 위수지역이 바로 이곳 사방거리까지였다는 것이다.

다목리와 산양리에는 지금도 과거의 그 군인아파트들이 그대로 있다. 과거 군인 가족들과 똑같은 나이대의 젊은 군인 가족 새댁들도 그대로이다. 하지만 다른 점이 있다. 예전에는 군인아파트 윗집 선배 아주머니가 알려 준 깨알 정보들을 이제는 인터넷 맘 카페나 군관사 카페 등에서 얻고 있다.

* * *

(고수님들의 정보 환영합니다)

군인아파트 베란다 사용법 알려 주세요.

베란다가 허술하고 강원도 겨울도 너무 추워요. 야채를 베란다에 놔둬도 다 얼어 버리네요. 겨울에 베란다 사용법 알려 주시면 감사하겠습니다.

네, 안녕하세요. 올해 처음 강원도 겨울이신가요?

저는 강원도 화천 군인아파트 올해 7년 차 군인 가족입니다.

이 군인아파트는 벽체가 좀 얇은 편이라 보온이 잘 안 되고요,

뒤 베란다는 응달이라 겨울에 너무 추워요. 다 얼어 버리죠.

세탁기나 건조기를 절대 뒤 베란다에 두시면 안 돼요.

세탁기로 세탁은 되는데 바로 세탁물을 꺼내지 않으면 그대로 얼어 버려요. 처음에 저도 잘 모르고 세탁기 안에 세탁물이 얼어서 한 달 동안 세탁기 못 썼어요. 그리고 건조기도 뒤 베란다에 두면 너무 추워 건조가 제대로 안 됩니다. 겨울에는 세탁기와 건조기를 거실에 두고 써야 합니다. 좁아도 어쩔 수 없어요.

* * *

인적도 드물고 문화환경도 잘 마련되어 있지 않은 이곳에 왜 젊은 새댁들이 와 있는 것일까?

군인의 아내라서 이 먼 이방의 느낌이 나는 땅까지 찾아와 삶의 또아리를 틀고 있는 것이다. 알고 보면 그들도 누군가의 귀한 딸이었다. 공부한다고 학원 버스 타고 주말에는 영화 보고 친구 만나고 즐겁게 살았을 것이다. 다들 대학도 나오고 귀한 인재들이다. 집에서도 이쁨을 독차지한 딸이었는데 왜 이런 시골에 처박혀서 외롭게 있을까? 군인 남편은 아침 일찍 출근해서 하루 종일 밖에 있고 퇴근도 늦다. 평일만 그런가? 군인 남편들은 주말에는 피곤하다고 하루 종일 잠을 자기도 한다. 아니면 엎친 데 덮친 격으로, 당직이라고 하루 종일 그리고 밤새도록 부대에 가 있기도 한다. 당직이 3~4일마다 오는 것 같다. 나 홀로 독박육아다. 우울증, 그냥 올 것 같다.

하지만 주변을 잘 찾아보면 재미있는 것도 많다.

화천 감성마을에는 이외수 문학관도 있다. 문학관 곳곳에 이외수 작가의 글귀들이 돌에 새겨져 있다. 멀리 서울에서도 일부러 찾아오는 곳이다. 아름다운 산속에서 차를 마시며 쉴 수 있는 공간도 있다. 양구에는 테니스를 칠 수 있는 곳이 많다. 실내 테니스장도 잘 마련되어 있다. 국내 유수의 테니스 대회도 많이 열린다. 양구에는 박수근 미술관도 있다. 미술관 외벽이 화강암으로 되어 있다. 박수근 화백 그림의 특징을 화강암으로 표현한 것이다.

오지에서 살고 있는 군인 가족끼리 인테넷상에서 모임을 만든 곳도 많다. 화천 군인 가족 모임, 양구 군인 맘 모임 등등. 거기서 많은 정보를 얻는다. 생활 정보부터 편의시설 정보까지. 남편의 월급에 대한 정보를 얻기도 한다. 남편이 몰래 수당을 뒷주머니 차는 경우가 종종 있다. 하지만 아내가 월급에 대한 정보가 많아지면 모조리 색출되어 처절한 최후를 맞이한다. 힘든 육아를 하면서 서로 격려하기도 하고 아이들 병원 정보를 나누기도 한다.

교통이 발달하면서 물리적으로도 가까워졌는데 인터넷이 발달하면서 정신적으로도 많이 가까워진 느낌이다. 오지에서 살고 있는 군인 가족들이 행복하고 편안할 수 있는 방법이 더 많아지기를 기대한다.

15평에 6명의 대가족이!

박길남 상사는 1990년에 입대하였다. 근무지는 경기도 가평이었다. 27살이 되던 해 미팅으로 만난 선미와 결혼했는데 부대에서 15평 아파트를 지원해 주었다. 길남과 선미는 신혼집을 꾸밀 수 있도록 군인아파트를 준 국가와 군에 무척이나 고마워했다.

하지만 살면서 여러 가지 문제가 생겼다. 먼저, 길남은 군대 생활 내내 15평 관사에서만 계속 살았다. 그가 근무하는 가평에 있는 부대는 15평 관사만 가지고 있었기 때문이다. 더 큰 관사가 없었다. 군의 예산 부족으로 군인아파트의 재개발은 이루어지지 않고 있었다.

"여보, 우리 평생 15평에서 살아야 해?"

"그런 것 같아. 우리 부대에서 계속 군인아파트 신축 예산 요구를 해도 위에서 안 받아 준대."

15평에 같이 살고 있는 부대 동료와 그들의 가족들도 이제 포기한 것 같다.

또 다른 문제가 생겼다.

결혼생활을 하면서 자녀들이 하나둘씩 생기는 것이다. 결혼을 하고 자녀들이 생기는 것은 환영할 일이다. 그런데 아이가 너무 많아진다. 쌍둥이까지 있어 이제 아이들이 총 4명이다. 길남의 빠듯한 군인 월급에 아이들 4명을 먹여 살리기가 쉽지 않았다. 선미가 아르바이트까지 하면서 생계를 유지해야 했다. 선미의 맞벌이에 먹고사는 것은 어떻게 해결이 되었다. 하지만 문제는 아이들 방이다. 첫째 딸과 둘째 아들이 사춘기가 되자 집이 좁은 것에 대해 불만을 쏟아 내기 시작한다. 사실 좁은 방 하나에 다 큰 아이들 3명이 같이 사는 것도 쉬운 일이 아닐 것이다.

"아빠, 더 이상 동생들하고 같이 못 있겠어."

"나도 이제 16살인데 내 방을 줘야 하지 않겠어?"

15평 아파트는 좁은 거실이 하나 있고 방이 2개 있다. 방 2개는 아이들에게 주고 길남 부부는 거실에서 생활을 하기로 한다. 다 큰 사춘기 자녀들이 부담스러워 거실에 커튼을 쳤다.

문제는 아이들이 친구들을 데리고 올 때다. 첫째 딸이 초등학생 때까지는 친구들을 집으로 데리고 왔다. 그런데 이제 중학생이 되자 친구들을 안 데리고 온다. 데려와 봐야 어디 있을 데도 없고, 가족이 그런 낡고 좁은 아파트에 옹기종기 모여 사는 것이 부끄럽단다.

사실 길남 입장에서는 처가 식구들이 올 때가 가장 부담스럽고 부끄럽다.

"여보, 친정 엄마가 가평으로 놀러 온대."

처음에는 멋모르고 군인아파트에 모셨다. 그런데 좁은 15평 집에 6명이 사는 것을 보시고 기겁을 하셨다. 그날 할머니와 같이 잔 첫째 딸말에 의하면 외할머니가 밤에 우셨단다. 그다음부터 혹시 가평으로 놀러 오실 때에는 부대 회관 숙박시설에 방을 잡아 드린다. 그게 서로 편하다.

이제 첫째와 둘째의 사춘기가 지나가는 듯하였는데 이제는 셋째도 사춘기가 온다.

“아빠, 나도 내 방 줘. 왜 난 맨날 내 방도 없이 중간에 치이면서 살아야 해?”

방이 2개인데 첫째 딸이 방 하나를 쓰고, 둘째와 셋째가 안방을 같이 쓰고 있었다. 사실 넷째는 아직 어려서 부부와 같이 거실에서 생활했다. 집이 워낙 작으니 뭐 어떻게 손쓸 방법도 없다. 첫째는 빨리 독립을 해서 이 집에서 나가는 게 인생의 목표라고 한다.

길남은 군인이라는 직업에 대한 회의가 밀려온다. 아내 선미는 처음 결혼했을 때 이야기를 들려준다.

“여보, 나 처음 15평 관사 보고 한 개 단어를 내 가슴에서 지웠어.”

“그게 뭔데?”

“부귀영화.”

선미는 부유하고 귀하게 살면서 큰 영광을 누리는 삶을 가슴속에서 지웠단다. 얼마나 힘들고 비참한 마음이었으면 그런 소리를 할까? 물론 길남이 돈을 더 벌어 집을 사야 했다. 하지만 정말 쥐꼬리 같은 군인 월급으로 여섯 가족 먹여 살린 것도 정말 대단한 일이다. 칭찬받아 마땅한 길남이지만, 지금까지 가족들에게 잘해 주지 못해서 가슴이 먹먹하다.

길남과 같은 사례가 종종 있다. 이런 대가족에게는 부대의 배려로

15평 관사를 2개 주기도 한다. 또는 15평 관사 2개의 벽을 터서 30평처럼 사용하기도 한다. 하지만 원체 관사가 부족해서 2개 관사를 제공한다는 것이 쉽지 않다. 그래도 요즘 짓는 군인아파트는 30평형을 기준으로 짓고 있다. 더 이상 길남처럼 마음 아파하지 않도록 대가족에게 더 넓은 관사가 지원되어야 할 것이다.

곰취와 두릅 캐기, 오징어 말리기

산간벽지에 있는 군인관사의 장점은 철마다 생각지 않은 수확을 거둘 수 있다는 점이다. 산속에 위치한 군인관사들은 자연이 바로 곁에 있다. 그래서 집 밖에만 나가면 언덕에 곰취가 있고 두릅이 자란다. 그리고 가을에는 마당에 밤이 엄청 떨어지기도 한다.

부대에서 산나물 채취 동아리를 조직했다. 경험 많은 주임원사를 주축으로 부대원 4명이 뜻을 모았다. 이들은 주말 새벽마다 산으로 나간다. 등산도 하고 산나물도 캔다. 사실 도시에서 자란 사람들은 산나물을 보더라도 그것이 뭔지 잘 모르는 경우가 많다. 산나물 도감 책이나 네이버 스캔 기능을 사용해도 이것이 잡초인지 산나물인지 알기 어렵다.

이 산나물 동아리가 대박을 터뜨렸다. 어줍잖게 산삼을 캔 것이다. 사실 산삼은 아무 데서나 캐기 어렵다. 전문 심마니가 있어서 채취가 조심스럽다. 심마니들이 나중에 캐려고 인삼 씨를 산에 뿌리기도 한다. 심마니가 뿌린 곳에서 채취하다가 문제가 생길 수도 있다. 그런데 이번은 심마니도 뭐라고 하기 어려운 곳에서 산삼을 캤단다. 바로 부대 뒷산에서 캔 것이다. 부대 울타리 바로 옆이다. 여기는 부대원들이 울타리 순찰을 하러 종종 다니는 길이다. 그런데 그것을 보고도 산삼인지 도라지인지 아무도 몰랐던 것이다. 하지만 노련한 주임원사는 그것을 보자마자 이렇게 외쳤다고 한다.

"심봤다!"

그때 이후부터 약초 채취 동아리는 인원이 두 배 이상 늘었다. 운동도 하고 약초도 캐니 참으로 두 배의 기쁨이다. 그 노련한 주임원사 집에 가보면 담근 술이 수십 병이 넘게 있다. 무슨 한약방에 온 것 같다. 감초, 황기, 도라지, 산삼까지 별의별 약초들이 다 있다.

해안가에 있는 군인관사에서는 군인 가족들이 직접 오징어를 말리기도 한다. 강원도 고성에서 근무를 할 때였다. 군인아파트에 가니 빨랫줄에 생오징어가 엄청나게 걸려 있는 것이다. 오징어를 말려서 반찬으로 한단다. 그런데 오징어 말리는 냄새가 꽤 역하다. 꼬릿한 게 냄새가 장난이 아니다. 요즘에야 먹을 것이 지천이다. 돈만 내면 택배로 별의별 것을 다 보내 준다. 그 당시에는 먹고살기 어려워서 그랬을까? 아니면 다들 그렇게 하니까 따라 했을까? 군인관사에 오징어를 왜 말렸을까 새삼 궁금해진다.

나의 동기생 한 명은 강원도 고성 최북단 부대에서 군생활을 했다. 격오지였는데 부대가 바로 해안가에 있다고 한다. 파도가 많이 치는 날에는 부대 연병장에 물고기들이 펄떡거리고 있단다. 바로 잡아서 회를 뜨면 된다고. 사격대기하고 있는 대포 포신(포다리)에는 한번씩 쭈꾸미가 붙어 있을 때도 있다는 농담도 들었다. 내무실 막사에서 낚시를 할 수 있다는 이야기도 들었는데, 내가 거기서 근무를 안 해봐서 진짜인지 거짓말인지 도대체 알 수가 없다.

나도 산속에 있는 영내 단독관사 생활을 해보았다. 부대 옆 산속에 있는 15평 단층주택이었다. 주변에 밤나무가 많고 울창해서 나름 운치가 있었다. 특히 바람이 불면 나뭇가지들이 조용히 부딪치는 사사삭 하는 소리는 마음에 평화를 가져다주는 힐링 음악이었다.

주말에 쉴 때는 관사 앞마당에 나의 SUV 차를 대놓고 차량 지붕에 누워서 가을 정취를 온몸으로 느끼곤 했다. 파아랗고 청명한 하늘. 그 하늘을 보면 얼마나 마음이 편안해지는지 모른다. 파아란 하늘을 누워서 보니 깊은 바닷속을 위에서 바라보는 것 같다. 흡사 내가 한 마리 고래가 된 것 같다. 깊은 심해를 유영하는 마음 편한 고래 한 마리…….

관사에서 100미터 정도 올라가면 두릅이 많이 모여 있었다. 두릅 밭이라고 해도 될 정도였다. 물론 그 당시 나는 부대에 전입 온 지 얼마 안 되어 두릅 밭의 정확한 위치를 몰랐다. 근데 평일 간부식당에서 점심밥을 먹고 있었는데, 부대를 잘 아는 노련한 상사급 부사관들끼리 식사하면서 이야기하는 것을 우연히 듣게 되었다.

"형님, 관사 뒤 두릅 밭에 지금 두릅 순이 한창 올라왔어요."

"그래? 이번 주말에 따러 가면 되겠네."

주말에 기다리고 있다가 부사관 둘이 관사에 올라오는 것을 보고 그들을 불렀다. 같이 가서 두릅을 땄다. 관사 마당에서 고기도 구워 먹고 두릅도 뜨거운 물에 살짝 데쳐 먹었다.

가을에는 관사 앞마당에 밤이 그렇게 많았다. 대체로 알이 작은 알

밤이었지만 큰 밤도 종종 있었다. 인근에 근무하는 동기생을 불러 와서 마당에서 고기 구워 먹고 밤도 삶아 먹었다. 선물로 밤도 한가득 안겨 주었다. 그 동기는 밤만 보면 내 생각이 난다고 한다.

관사 마당에서 고양이도 여러 마리 키웠다. 처음에는 한 마리였다. 내가 데리고 온 놈인데 암놈이었다. 그런데 그 녀석이 주변의 길고양이 수놈을 꼬드겨 새끼를 엄청 낳았다. 나는 그 녀석이 새끼를 밴 것도 몰랐다. 그때 나는 관사 앞마당에 텐트를 쳐놓고 있었다. 한번씩 텐트에서 자면 시원해서 종종 이용하곤 했다. 그런데 갑작스런 훈련 파견으로 3주간 부대를 떠나 있게 된 적이 있다. 3주가 흐른 후 집으로 돌아왔는데……. 고양이가 영물은 영물이다. 고양이가 새끼를 낳았는데 모두 텐트 안에 있었다. 고양이 손으로 텐트 지퍼 문을 열고 거기에 새끼를 낳아서 잘 키우고 있었던 것이다. 다른 데서 낳았으면 새끼들이 위험할 수도 있었을 텐데 텐트 안이 꽤 아늑해서 편안하게 잘 지낸 것 같았다. 새끼들도 꽤 큰 상태였다.

아깽이들이 얼마나 귀여운지는 말 안 해도 알 것이다. 그 녀석들도 무척이나 귀여웠다. 그런데 야생에서 사는 아이들이다 보니 사냥도 잘했다. 사료를 주고 간식을 주는 나랑 친해지니, 나한테 선물도 한번씩 안겨 준다. 부대로 출근할 때 보면 관사 문 앞 마당에 잘린 쥐 머리나 죽은 새 사체가 놓여 있었다. 아깽이 녀석들이 나에게 주는 선물이다. 처음에는 깜짝 놀랐다. 그런데 고양이 관련 동호회 활동을 하면서 그것이 선물인지 알게 되었다. 그럼 나는 상으로 그 녀석들을 엄청 귀여워해 주고 나서 또 맛난 간식을 내준다. 모든 고양이들이 좋아하는 생선 통조림이다! 시골 고양이 아니랄까 봐 처음 맛보는 고양이 간식에 정신을 못 차린다. '찹찹'거리며 가지런히 앞발을 모으고 머리를 숙여 진심으로 간식을 먹고 있다. 그 아깽이들은 나에게 굉장히 감동을 받은 것 같은 표정을 짓고 있다. 야옹야옹거리며 좋아 죽는다.

다음 날 나는 어김없이 출근을 하기 위해 문을 나선다. 현관문 앞에 놓여 있는 아깽이들의 정성 가득한 선물들. 그날에는 쥐 머리가 두 개나 있다. 이 썩을 놈들…….

집게벌레의 습격

대부분의 군관사가 산이나 들판에 덩그러니 서 있다 보니 벌레나 동물의 방문이 잦다. 일단 군인관사가 있는 곳이 청정 자연이라서 그런 면이 있다. 공기도 맑고 나무나 풀이 무성하다. 그러니 파리나 모기도 많고 이를 잡아먹는 새들도 많다. 새가 많으니 이를 잡아먹는 고양이나 너구리 등도 종종 발견된다.

나는 국방부에 근무하면서 서울 용산에 있는 푸르지오 파크타운이라는 군인아파트에서 살고 있다. 한강 쪽으로 반포대교를 바라보는 최고의 위치에 있는 군관사이다. 주변에 미군부대 수송부 부지가 있다. 군부대 특성상 여기도 나무가 많고 풀도 많다. 그러니 모기와 파리가 엄청나게 꼬인다. 특히 여름에는 모기가 극성이다. 아무리 창문을 꼭꼭 닫고 방충망을 잘 쳐도 어딘가에서 들어온다. 매일 모기약을 뿌리고 자는 것도 한계가 있어 방에 모기장을 쳤다. 그러고 보니, 처음 이사 왔을 때 벽에 무언가 묶어 놓은 듯한 흔적이 있었는데 그것이 모기장을 묶었던 흔적인 것 같다. 그렇게 해 놓으니 그나마 모기에 덜 물린다.

모기가 많다 보니 새들도 많이 찾아오는 편이다. 모기를 잡아먹는 잠자리가 많고 다시 먹이사슬을 통해 잠자리를 잡아먹는 새가 많은 듯하다. 아침에 새들이 우는 소리는 아름답기 그지없다. 말레이시아에서 1년 정도 살 때 열대 정글에서 지저귀던 새들이 떠오른다. 아침마다 듣는 산새 소리는 나의 영혼을 깨우는 소리였다. 힘든 객지생활 동안 아침마다 들리는 아름다운 새소리로 마음의 치유를 한 것 같다.

하지만 군인아파트에는 불청객들도 꽤 찾아온다.

얼마 전 전방의 육군 군인아파트에 집게벌레가 출몰했다고 언론에서 크게 보도했다. 군인관사가 아직도 많이 노후된 상태로 있어 집게벌레가 수십 마리씩 나온다는 것이다. 실제 사진을 보니 집게벌레 수십 마리가 모여 있다. 남자가 봐도 정말 징그럽다. 내가 살고 있는 집에 집게벌레가 같이 산다면 정말 끔찍할 것 같다.

군관사가 노후되다 보니 창가나 문틈에 작은 벌레가 들어갈 공간이 많다. 집게벌레 사건 당시에도 추운 겨울 따뜻한 군인아파트로 피난을 왔을 것이다. 벌레 입장에서도 군인아파트는 일단 따뜻하고 먹을 것도 많고 숨을 곳도 많다. 그리고 아파트 바로 앞에 산이 있으니 접근성도 좋다. 벌레들이 자기들도 대한민국 벌레인데 같이 좀 살자고 하면 정말 할 말 없을 것 같기도 하다.

아파트 말고 단독주택 군관사는 산속 습한 곳에 지어진 것이 많다. 군부대가 대부분 산기슭에 위치해 있기 때문이다. 그래서 단독관사는 습기가 많이 차고 곰팡이도 많이 스는 편이다. 한번은 단독관사 방에 제습기를 틀어 놓았더니 하룻밤 만에 물이 한 통 나왔다. 이런 상태이다 보니 습한 곳을 좋아하는 집게벌레나 지네, 거미, 나방 등 다양한 자연의 생명체가 관사에 방문한다. 이 친구들은 정말 관사가 궁금한 모양이다. 자꾸 들어온다. 컴컴한 숲속의 밤에 예쁘게 불이 켜진 관사는 정말 매혹스러운 장소일 것이다.

집게벌레 외에 지네, 거미 등 방문자는 다양하다. 그래도 대한민국이 열대지방이 아니라서 전갈이나 독거미, 대형 도마뱀은 아직 없다. 아프가니스탄에서 파병 생활을 할 때에는 전투화를 벗어 놓으면 안에 전갈이 들어갈 수도 있었다. 그래서 신발을 신을 때는 툭툭 털고 신어야 했다. 전갈은 아니지만 비슷한 상황이 대한민국 단독관사에서 살면 종종 벌어진다. 큰 지네 한 마리가 매혹적인 전투화 발냄새에 도취되어 신발 안으로 들어갔다. 그는 그만 그 안에서 잠이 들었다. 아침까지 단잠을 자고 있는 지네에게 떨어진 큰 불행……. 아니, 둘 다의 불행인 듯싶다. 역시 아침잠을 깨지 못하고 몽롱하게 부대로 출근하는 김 상사. 생각 없이 전투화에 발을 쿡 집어넣는다.

"꺄아아악!!!" (김 상사와 지네 둘 다의 목소리)

그날로 김 상사는 의무대로 직행했고 지네는 한 많은 지네 인생을 마쳤다.

습기가 많은 단독관사에는 뱀이 들어온 경우도 종종 보고된다. 뱀 입장에서도 쥐 같은 먹이도 많고 숨을 곳도 많은 단독관사는 핫플이다. 뱀이 먹이인 쥐나 개구리를 잡으려고 돌아다니다 자연스럽게 관사 방으로 종종 들어온다.

지네에 발을 물려 고생한 김 상사, 드디어 퇴원을 하고 집으로 왔다. 그는 가족을 전 근무지인 대구에 두고 본인만 혼자 간부숙소에 살고 있었다. 그날은 좀 더운 날이었다. 근데 집에서 약간 이상한 냄새가 난다. 뭔가 비릿한 냄새다.

"아, 쓰레기 분리수거를 안 해서 썩은 모양이네?"

김 상사는 볼일을 보러 화장실 문을 열었다. 끼이익……. 헉! 이게 뭔가! 세면대 아래 세숫대야에 물을 담아 놨는데 거기에 뱀 한 마리가 시원하게 몸을 담그고 있다. 눈을 감고 있는 표정이 물놀이를 지긋이 즐기고 있는 것 같다. 지네에 고생한 김 상사, 또다시 이런 불행이……. 그는 조용히 화장실 문을 닫았다.

며칠 뒤, 김 상사의 방에서는 전에 보지 못했던 유리병 하나를 발견할 수 있었다. 거기에 가득 담긴 소주와 함께 뱀 한 마리가 있었다고 한다. 참고로 뱀술은 불법이다.

자연과 함께하다 보니 군관사에 동물들이 워낙 자주 출몰한다. 나도 관사에서 많은 동물들을 만났다. 강원도 양구에 있는 군관사에서는 하늘다람쥐도 봤다.

아파트 복도 창가에 다람쥐 같은 녀석이 있어서 그런가 보다 했다. 그런데 이 녀석이 생김새가 보통 다람쥐가 아니었다. 일반 쥐나 다람쥐보다 눈이 더 컸다. 비대칭적으로 눈이 커서 만화 주인공 같았다. 그리고 갑자기 창가에서 뛰어내리더니 10여 미터 떨어진 소나무로 날아가 버렸다. 나는 처음에는 날다람쥐인 줄 알았다. 그런데 나중에 알고 보니 하늘다람쥐였다. 하늘다람쥐는 천연기념물이다. 대한민국에서 만나기 쉽지 않은 녀석이다.

관사 주변에 길고양이는 원체 많다. 요즘에는 길고양이에게 밥이나 물을 주는 이들도 있어 아파트 주변에 고양이들이 많이 몰리기도 한다. 하루는 저녁에 퇴근하는데 아파트 아래 어두운 틈새에서 고양이 같은 형체가 나타났다. 그런데 고양이치고는 사이즈가 너무 컸다. 살찐 고양이인가? 알고 보니 너구리였다. 추운 겨울날 너구리들이 산에서 내려와서 군인아파트 지하 틈새에서 겨울을 나고 있었다. 지하 틈새는 생각보다 커서 내부는 5~6미터 이상 공간이 있었다. 그 안에 너구리 가족이 살고 있었다.

너구리는 몸집도 크지만 밤에 보면 눈에서 불빛이 번쩍거린다. 유순한 고양이의 눈빛이 아니다. 정말 야생동물이다. 너구리를 라면 이름으로만 접하다 그렇게 실제로 보고 깜짝 놀란 적이 몇 번 있다. 도시의 아파트에 살면 경험하지 못하는 이야기이다. 자연과 함께하는 특권이 아닐까 한다.

#너구리 #니가 왜 여기서 나와 #너구리 한 마리 몰고 갈 번

MZ세대 군인 가족은 남편을 따라가지 않아

과거에는 군인 남편이 전방에 가면 가족들도 당연히 따라가는 분위기였다. 그래서 부대 옆에 군인관사가 마련되어 있었던 거다. 교통이 불편해도, 차가 없어도 군인 가족들은 군인 남편 바로 옆에서 같이 생활을 했다. '인제 가면 언제 오나, 원통해서 못 살겠네' 하는 원망 아닌 원망도 남편과 함께 이동하는 군인 가족의 과거 사회상이었다. 그런데 요즘은 세상이 바뀌었다. 군인 가족들이 군인 남편을 잘 따라가지 않는다.

일단 결혼의 시기가 많이 늦어진 것 같다. 일반 사회에서도 30대 중반 이후가 되어야 결혼을 많이 하는 분위기이다. 군인들은 일반적으로 결혼을 좀 빨리 한다고 하지만 요즘에는 30대 초중반에 결혼하는 것이 대세이다. 30대 후반이나 40대 초반의 군인들이 결혼을 하지 않고 독신으로 사는 경우도 꽤 많다. 결혼을 한다 하더라도 부부의 라이프 스타일이 과거에 비해 많이 달라졌다. 군인의 배우자들이 직업을 가지고 있는 경우가 많다. 그리고 결혼을 이유로 군이 가지고 있는 직업을 포기하려는 마음도 별로 없다. 그렇다 보니 군인 남편이 직업상 자주 이동을 하더라도 배우자는 단독으로 도시에 정착하여 생활하는 경우가 상당히 많아졌다.

요즘에는 교통의 발달도 하나의 이유이다. 교통이 워낙에 발달되어 있어서 강원도 인제나 속초도 서울까지 금방이다. 서울에서 강릉까지 KTX도 있어 거의 3시간이면 도달한다. 서울-양양 고속도로도 있다. 지방 곳곳으로 모세혈관처럼 도로가 연결되어 있다. 그래서 심리적으로 격리된다는 느낌이 별로 안 드는 것도 하나의 이유인 것 같다.

요즘 젊은이들은 지방에서 살기 싫어한다. 서울에서 살고 싶어 한다. 지금 청년 세대에게 직장의 심리적 저지선은 판교까지라고 한다. 서울에서 판교까지는 출퇴근이 가능하다는 것이다. 하지만 판교가 넘어가면 곤란하다. 요즘 젊은 세대에게 지방으로 전근을 가라고 하면 그냥 사직서를 낸다고 한다. 그래서 지방 근무는 별도로 수당을 더 줘야 한단다. 일반적으로 군인들은 전국구로 이동한다. 그래서 심리적 저지선은 없다. 지방으로 가라고 하면 울면서 가고, 서울로 가라고 하면 즐겁게 간다. 가긴 간다는 말이다. 그런데 요즘 MZ세대 군인 가족들에게는 심리적 저지선이 있는 듯하다. 강원도는 춘천까지, 아래 지방으로는 대전까지이다. 젊은 군인 가족들과 대화를 해보니 그런 기류가 조금 느껴진다.

군인 남편이 최전방 GOP에 들어간다면? 옛날에는 군인 가족은 GOP에서 조금 떨어진 민통선 이북 군인아파트에서 살면서 남편이 언제 나오나 하고 기다려면서 지냈다. 그런데 요즘 군인 가족들은 서울에서 직장 다니면서 따로 산다. 기다려도 나오지 않는 군인 남편을 굳이 힘들게 기다리지 않는다. 사실 기다릴 필요도 없었다고 본다. GOP 근무하면 사실 외부로 못 나온다. 요즘 군인 가족들은 능력도 좋은 것 같고 생각도 쿨한 것 같다.

그래도 결혼 초기에는 대부분 군인 가족이 근무지로 같이 다닌다. 같이 살기 위해 결혼한 것이니까. 결혼을 위해 직장을 포기하는 열혈 배우자도 많은 편이다. 그런데도 관사 사정으로 어쩔 수 없이 별거를 하는 경우가 종종 발생한다. 군인관사가 부족하다 보니 타 부대에 전근을 가더라도 즉각적으로 군인관사가 나오지 않는다. 그럼 군인 본인만 다른 부대로 가고 가족은 새로운 관사가 나올 때까지 전에 살던 군인관사에서 살아야 한다. 일시적으로 별거하는 상황이 종종 생기는 것이다. 이것은 의도하지 않은 별거이다. 특히 좋은 품질의 고급 관사는 젊고 상대적으로 계급이 낮은 군인 입장에서는 경쟁률이 치열하기 때문에 젊은 군인 가족들은 이런 의도치 않은 별거 생활을 자주 경험한다.

그러다 자녀가 중·고등학생이 되면 대부분 군인 가족들은 정착을 하는 것 같다. 요즘처럼 높은 학구열의 시대에 자꾸 자녀를 전학시킬 부모가 누가 있겠는가? 잦은 전학은 아이들의 학업 능률을 떨어뜨리고 학교 생활도 힘들게 한다. 그래서 군인 아빠는 자주 부대를 옮기지만 자녀들이 중학생 정도가 되면 가급적 전학을 하지 않도록 조치를 취한다. 그래서 정착하여 집을 마련한다거나, 아니면 군인관사에서 조금 더 생활하도록 한다. 현재 규정에는 자녀가 중학교 2학년이나 3학년, 고등학교 2학년이나 3학년이 되면 그 지역에서 학업을 마치기 위해 군인관사에서 이사를 면제하도록 배려하고 있다. 그래서 대대장이 되는 40대 초중반 정도의 나이부터는 거의 독신으로 생활하는 모습을 볼 수 있다. 본인은 전방에서 근무를 하고 가족들은 후방에 있는 경우가 심심찮다. 또는 배우자가 직장이 있어도 군인 남편들이 혼자 생활한다.

군인 남편 입장에서는 혼자 생활하는 것이 많이 힘들다. 부대에서 독신자 숙소를 제공하고 식사는 부대에서 해결하지만, 40이 넘은 나이에 가족 없이 혼자 있으면 참 많이 외롭다. 부대에서 밤늦게까지 일하고 월급이나 집에 보내고 있으면, 내가 ATM 기계인가 하는 생각을 자연스럽게 하게 된다. 요즘 주말부부를 하는 것은 전생에 나라를 몇 번 구해야 가능하다는 우스갯소리도 있긴 하지만, 군인들은 정말 주말부부가 많다. 아내 직장 때문에 혹은 자녀 학업 때문에 어쩔 수 없이 따로 떨어져 사는 것이다. 본인이 원해서 그러는 것도 아니다. 아무리 좋은 것도 본인이 원하지 않으면 안 하는 것이 맞다.

노 작가의 군대 생활 스토리 (1)

나의 처음 근무지는 강원도 철원이었다. 철원에서 3년간 소위와 중위로 군대 생활을 시작했다. 철원은 여러모로 힘든 곳이다. 겨울에는 소주를 야외에 놔두면 병째로 얼려 버리는 혹한의 추위에, 한 달 내내 야외에서 훈련만 있을 정도로 군인들이 바쁜 곳이다. 훈련 외에 도무지 딴생각을 하려야 할 수가 없다.

초임 소위 시절에는 부대 영내 막사에서 세 달 동안 병사들과 같이 생활을 하다가 이후 부대 외곽에 있는 독신간부용 숙소 BOQ로 옮겼다. 그곳은 오래된 단층 건물로 4평 정도의 좁은 방에 두 명의 비슷한 또래 장교들이 같이 생활을 하였다. 두 명이 좁은 한 방에서 살면서도 크게 불편하지는 않았다. 항상 야외훈련(1주일 정도 집에 못 들어감)에, 당직근무(하룻밤 부대에서 밤샘근무)에, 5분대기 임무(부대에서 2주간 대기해서 집에 못 들어감) 등 많은 업무로 인해 방에서 룸메이트 두 명이 동시에 마주치는 상황은 거의 없었기 때문이다. 화장실과 샤워장은 공동으로 사용하였는데 뜨거운 물이 잘 나오지 않아서 겨울에 샤워를 할 때는 팔굽혀펴기를 해서 몸을 덥힌 다음에 샤워를 한 기억이 난다. 샤워기 수압도 약해서 바닥에 쪼그리고 앉은 상태에서 샤워기를 높이 쳐들고 안간힘을 쓰면서 샤워했던 생각을 하면 지금도 너털웃음이 난다.

나는 결혼을 빨리 한 편이다. 사관학교도 나오고 어차피 군대 생활을 30년 이상 오래 할 생각이니 빨리 안정적인 가정을 가지려는 생각이었다. 25살인 육군 중위 시절 군병원 간호장교였던 지금의 아내를 만나 결혼을 하였고, 군인아파트란 곳을 배정받아서 신혼 생활을 시작하였다. 철원에 위치한 15평짜리 오래된 아파트였는데, 방 2개에 좁은 거실 하나의 군관사였다. 군인아파트의 이름은 특이하게도 '삼성아파트'였다. 삼성건설이 지은 아파트는 아니었다. 딱 보면 일단 오래된 군인아파트이니 말이다. 소속부대가 육군 3사단이었는데, 3사단 부대마크에 작은 별이 3개가 있다. 그래서 별이 3개 있다고 삼성아파트라고 이름 붙인 것이다.

삼성아파트는 15평짜리 노후한 아파트가 5개 동이 있었고, 당시 최신형인 20평형대 4층짜리 아파트가 새로 2개 동이 더 있었다. 최신식 20평은 중령 이상 장교와 원사 이상 부사관들만이 입주할 수 있었다. 나머지 일반간부들은 15평에서 살아야 했다. 당시 나는 초급장교인 중위였기 때문에 15평 아파트도 무척 감사하며 살았다.

삼성아파트는 조그마한 하천을 끼고 있었는데, 하천을 바로 건너면 길가에 부대 회관인 삼성회관과 영외 PX가 있었다. 영외 PX에는 신선제품은 없었기 때문에 야채나 기타 생필품을 구입하려면 길 건너 민간 구멍가게로 가야만 했다. 가게 이름은 '부산상회'였다. 부산상회의 주인 아주머니는 군인 새댁들이 오면 특별히 더 잘 챙겨 주고 살갑게 대해 주었다. 남편만 바라보고 먼 타지까지 와서 고생하는 군인 가족들에게 서비스도 챙겨 주고 김치를 좀 더 주기도 했다. 어머니가 철원까지 한번 방문을 오셨을 때 며칠 동안 지내시면서 부산상회 아주머니와 절친이 되어 있었다. 서로 비슷한 연배에 고향 이야기도 하고 철원 이야기도 하면서 한참을 이야기 나누셨단다. 한 명은 군인의 어머니, 한 명은 장사를 하러 멀리 철원까지 와서 자리를 잡은 가게 주인. 서로 이유는 다르지만 고향을 떠나 먼 철원에서 살아가는 먹먹함이 이야기 보따리로 풀린 것이 아닐까 한다.

철원에서 근무하면서 세 번의 추운 겨울을 보냈다. 첫해의 겨울은 따뜻한 편이라는데도 혹한기훈련을 하다가 발가락에 동상이 걸릴 뻔 하였다. 두 번째 겨울은 너무나 추운 나머지 밖에 나가면 강물은 모두 꽁꽁 얼어 있고 아파트 발코니 배수관이 다 얼어 터지는 상황이었다. 오래된 군인아파트는 내벽 두께가 비교적 얇아 방음과 단열에 취약하다. 그래서 겨울이 되면 보일러를 아무리 틀어도 창문에서는 찬 바람이 들어와 도무지 따뜻해지지 않았고, 그늘진 부엌 뒤 창고 쪽은 내놓은 야채와 감자가 얼기까지 했다.

시간이 지나 다이아몬드 하나짜리 소위에서 다이아 3개짜리 대위로 진급하였다. 전남 장성에 있는 상무대로 고군반 교육을 받으러 갔다. 대위가 되면 중대장이나 대대급 참모 등 관리자의 역할을 맡아야 하기 때문에 추가적인 교육이 필요한데, 그런 교육을 받는 과정이 상무대에 있었다. 다만 상무대에는 보병이나 포병, 기갑 등 전투병과학교가 주로 있었고, 다른 행정병과들은 자운대나 다른 곳에 위치하고 있었다.

고군반이라는 것은 당시 용어인데 '고등군사반'의 약어이다. 요즘에는 대위급 지휘관리과정이라고 한다.

상무대 고군반 교육은 무미건조했다. 하루 종일 교육받고 발표 준비하고 시험 준비를 했다. 여기서의 교육 성적이 차후 진급에도 중요한 역할을 하기 때문에 군에서 두각을 나타내고자 하는 야심 있는 군인들은 정말 열심히 공부하고 경쟁하였다. 결혼한 군인들은 가족을 데리고 왔고, 군인 가족을 위해 20평짜리 군인아파트가 제공되었다. 그런데 상무대 아파트도 1990년대에 지어져 좀 오래된 상태였고 평수도 좁았다. 군인 가족들의 스트레스도 이만저만이 아니었다. 남편은 공부한다고 정신없고 평일에는 맨날 시험 공부하랴 토의 준비하랴 바쁘다. 아이라도 있으면 정말 독박육아에 또 다른 먼 타지에서 아는 사람 하나 없이 정말 외로웠을 것이다. 하루 종일 학교에 가서 오지도 않는 남편을 기다리는 아내의 마음이 어떨까? 생각만 해도 눈물이 날 것만 같다.

상무대 아파트가 오래되었지만 그만큼 중후한 맛은 있다. 일단 오래된 아파트 단지는 조경이 잘 이루어져서 풍경이 멋진 경우가 많다. 상무대도 나무들이 많고 키가 높다. 특히 가을이 되면 샛노랗게 색깔이 변한 은행나무들이 펼쳐진 길거리는 말 그대로 장관을 이룬다. 군인아파트에서 나와서 상무대 종교센터까지 걸어가는 큰길은 나무들이 뿜어내는 피톤치드로 인해 폭포수를 헤치면서 걷는 느낌이다. 낙엽을 밟는 소리도 좋고 나무 향기도 매혹적이다.

상무대에서 5개월이 지난 후, 다시 강원도 강릉으로 근무지를 옮겼다. 이제 본격적인 지휘관으로 군대 생활을 시작하려 하였다. 거기서는 18평 민간 매입 아파트를 군인관사로 받아 가족과 함께 생활하였다. 매입 아파트는 일부 민간 아파트를 국방부에서 구입하여 군간부들에게 관사로 제공하는 방식이다. 내가 살았던 민간 아파트는 18평이라 약간 좁은 느낌은 있었지만 깨끗하고 만족스러운 환경이었다. 벽지와 장판도 깨끗한 편이었고 구조와 벽체도 튼튼하여 안정감 있는 느낌을 주었다. 군인아파트에만 살다 민간 아파트에서 살아 보니 정말 신세계였다. 일단 아파트 벽체가 튼튼하고 샤시가 좋아서 겨울에도 그리 춥지가 않았다. 관리도 잘되고 주변도 청결했다. 특히 좋은 점은 접근성이 좋은 것이다. 바로 옆에 버스 정류장이 있고 편의점이 있었다.

그리고 군부대 옆에 있는 것이 아니라 시내에 자리 잡고 있어서 공기 자체가 다르게 느껴졌다. 그때에는 아마도 젊고 어렸기 때문에 철이 없어서 그랬을 수는 있다. 아무튼 퇴근 이후 부대원들과 회식을 할 때에도 부대 회관에서 삼겹살을 먹는 것이 아니라 다양한 민간 식당에서 메뉴를 골라 가며 먹을 수 있었다. 주거환경의 중요성을 실제로 많이 체험하였다.

강릉에서 2년 정도 생활을 하고 군사영어반이라는 곳에 응시를 했다. 중대장 직책은 두 번을 해야 해서 다른 지역으로 또 이동해야 한다. 그런데 강릉같이 좋은 지역에서 1차 중대장을 이미 했기 때문에 다음 지역은 강원도 격오지인 양구나 인제 등지에서 고생할 게 눈에 보였다. 솔직히 말하자면 전방에서 고생하는 것을 피해 보고자 군사영어반을 신청한 것이다. 영어시험을 보았는데 운이 좋게 합격했다.

군사영어반은 경기도 성남시에 자리 잡고 있었다. 6개월 동안 집중적으로 영어 공부를 하는데 미국의 국방언어원(DLI) 언어학습코스를 그대로 가져와서 한국에서 배우는 방식이다.

다 좋은데 숙소가 너무 낡았다. 전형적인 15평짜리 4층 노후 아파트였는데 특이한 점이 몇 가지 있었다. 현관문을 열고 집에 들어가면 일단 아파트 바닥이 엄청 높았다. 약 30cm 이상 더 높아서 신발을 벗고 올라가는 것이 신경이 쓰일 정도였다. 바닥이 높은 것에 비해 천장이 무척 낮아서 키가 180cm 이상 큰 사람들은 머리가 천장에 닿을 것 같았다. 또 부엌 옆에는 조그만 창고 같은 공간이 있었는데 거기에 연탄을 놓은 자국이 있었다. 며칠 뒤 동료들로부터 들은 이야기는 충격적이었다. 이 아파트는 무려 40년 전에 지어진 연탄 난방 아파트였던 것이다! 연탄 난방 구조를 기름 보일러 구조로 리모델링하는 과정에서 방바닥이 덧대어져서 바닥이 높아진 것이다. 그러면서 상대적으로 천장은 낮아진 것이고 키 큰 친구들은 머리를 들지 못하는 상황이 된 것이다.

하지만 그 아파트는 이제 없다. 이제는 모두 철거되어 위례신도시로 변모하였다. 당시에도 철거 간판이 여기저기 있어서 을씨년스러운 분위기가 물씬 풍겼다. 그런 곳이 세련되고 깔끔한 신도시가 되었으니 상전벽해라 할 만하다.

노 작가의 군대 생활 스토리 (2)

6개월간의 군사영어반 교육 이후에는 다시 남양주 별내면으로 전근을 갔다. 그곳은 서울과 구리, 남양주를 접하는 지역이었다. 버스로 10분만 나가면 바로 서울 태릉이니 번화한 민간사회의 편리함을 느끼며 즐겁게 생활할 수 있었다. 다만 그곳의 군관사도 15평으로 좁고 시설이 노후된 곳이었다. 가족이나 친지가 방문하면 괜히 부끄럽고 초라하게 느껴졌던 기억이 있다.

아파트의 이름은 불암아파트였다. 서울 북동쪽에 우뚝 솟은 불암산 한 자락에 위치한 오래된 군인아파트이다. 주말에는 서울에서 엄청난 숫자의 등산객들이 등산복을 차려입고 불암산을 오른다. 등산길을 오르다 보면 불쑥 나타나는 난데없는 1980년대의 허름한 4층 군인아파트에 대고 다들 한마디씩 한다.

"아직도 이런 군인아파트가 있었네."

"사진 찍어 우리 아들 보여 줘야겠네, 공부 못하면 이런 데 산다고."

이런 소리를 들었지만 그래도 그곳에 사는 군인들은 어김없이 아침마다 불암아파트를 빠져나와 부대로 출근하고 바쁜 일상을 보낸다.

나 역시 그랬다. 힘든 훈련이나 검열이 끝나면 불암산 주변의 막걸리집에 군대 선후배들과 모여서 술잔을 기울이곤 했다. 한번은 부모님이 오셨는데 아들이 오래된 군인아파트에서 사는 것을 보셨다. 그런데 나의 부모님은 일반 부모님과는 확실히 다르셨다. 안타깝게 생각하시기는커녕 오히려 이런 오래된 아파트를 매우 친근하게 여기시는 것이었다.

"아들아, 이런 데서 살아 보면서 젊어서 고생할 필요가 있다."

아버지는 아들이 이런 허름한 아파트에 사는 것을 내심 마음에 들어하신다. 아마도 젊어서 고생하면 나중에 잘살 것으로 생각하시는 것 같다.

부모님과 아파트 뒷마당에서 자리를 깔고 고기도 구워 먹었다. 보통 아파트 옆 공터에서 연기가 나면 바로 신고를 한다. 아파트 뒷마당이나 주차장에서 고기 구워 먹고 술 한잔 하고 있으면 바로 관리실로 민원을 넣을 것이다. 그런데 그 불암아파트에서는 누구도 뭐라 하지 않았다. 사실 관리사무소가 없어서 민원을 넣을 곳도 없다. 부대 인사처에서 직접 관리를 했다. 오히려 이웃 선후배들을 우연히 마주치니 고기판으로 불러서 같이 소주도 한잔씩 하면서 서로의 부모님께 인사를 시키는 정을 느끼기도 하였다.

그렇게 남양주에서 3년 정도 근무를 하고 다시 경기도 여주로 이동하여 2년간 생활하였다. 여주에서는 군관사로 30평대 매입 아파트를 배정받았다. 강가에 있다고 해서 '리버빌아파트'였다. 민간 아파트인데 약 1,000세대의 대단지로 집 내부 상태도 근사했다. 군생활하면서 처음으로 이런 좋은 아파트에 살게 된 데다, 그것도 입주 대기기간도 없이 바로 들어가다니! 강릉 민간 아파트가 신세계라면 이곳은 천국에 가까울 정도였다. 30평대의 넓은 방! 부부 욕실과 구분된 가족 욕실! 넓은 거실! 아일랜드 형태의 최신식 부엌! 30평대 민간 아파트의 주거 수준에 너무도 만족하여, 그때부터 좋은 주거환경에 대한 욕구가 생겨났다. 역시 좋은 곳에서 살아 봐야 좋은 것을 안다.

2년간 생활하면서 가족과 즐거운 추억도 많이 만들었다. 부대에서는 바빴지만 집에서는 편하게 잘 쉬었다. 역시 집이 편해야 만사가 편한 법이다. 직장에서는 만만치 않게 힘든 시간이었어도 집이 좋은 시설로 잘 구비되어 있으니 그리 힘들게 느껴지지 않았다. 가족들이 만족해하니 그것도 나에게 큰 기쁨이 된 듯하다. 여주 군인아파트는 나에게 시설 측면에서는 베스트 3위 정도로 꼽을 수 있지만, 정서적 면에

서는 베스트 1위다. 처음 경험해 보는 좋은 군관사여서 더욱 특별하게 느꼈던 것 같다.

그다음 이사는 경기도 연천 대광리로 갔다. 부대 안에 있는 영내 단독주택을 군관사로 받았다. 1층짜리 단독주택으로, 작은 거실이 하나 있고 방은 3개가 있었는데 한 개는 너무 작아 창고로 써야 할 판이었다. 아마 영내 관사로 가족들이 살다가 이제 간부숙소로 용도를 변경하여 쓰고 있는 듯했다. 최근에 내부 인테리어를 해서 나름 깔끔했지만 부대 안에 있고 워낙에 외진 곳에 있어서 간부들이 외면하는 곳이었다. 결국은 산속에 위치한 외진 주거환경으로 인해 가족들은 거주하지 못하고 나 혼자 와서 주말부부로 지내게 되었다.

산속에 있다 보니 그 관사 옆에는 묘지도 3개가 있었는데, 그게 무서워서 밤에는 아무도 내 숙소 주변에 얼씬하지 않았다. 조용한 시간을 가지며 자연을 벗 삼아 생활했다. 한번은 여름에 태풍이 와서 폭우가 쏟아졌다. 비가 얼마나 오던지 관사 옆 진입로가 개울로 바뀌어서 물이 세차게 흘러갔다. 나는 상황이 긴급한 것 같은데 부대로 출근해야 할까 말까 고민하고 있었다. 그때 때마침 부대 지휘통제실에서 전화가 왔다. 수화기 속에서 당직사령 왈, "작전과장님, 아무 이상 없으십니까? 지금 비가 너무 많이 와서 그쪽으로 접근을 할 수 없습니다." 밤새도록 오는 비에 산속에 있는 관사가 완전히 고립되어 들어가지도 나가지도 못하게 되었다. 다행히 오전이 되니 비가 그쳐 내려갈 수 있었는데, 세찬 물살로 인해 도로가 완전히 패여서 차는 다니지 못하고 걸어서 내려가야 했다.

이런 산골에서 살다가 드디어, 서울 용산에 있는 국방부에 입성하게 되었다! 간부숙소를 받았는데 국방부 옆에 있는 나름 괜찮은 건물이었다. 그런데 2인 1실이라고 한다. 2인 1실은 말 그대로 방 하나에 두 명이서 생활하는 것이다. 방도 그리 넓지 않은 10평짜리 방이었다. 룸메이트는 나와 비슷한 또래의 동기였다. 좁은 방 하나에 나이 40이 넘은 성인 남자 둘이서 공동생활을 해야 하는, 그 말로 할 수 없는 고통! 정신적 스트레스가 말이 아니었다. 동물의 세계에서도 이러진 않는다. 한 방에 수놈 두 마리 붙여 보라. 물어뜯고 싸우고 난리도 아닐 것이다. 다행히 우리는 이성이란 것이 있기 때문에 서로 물고 뜯지는 않았지만 그래도 상당한 정신적 스트레스를 받고 있었다.

나중에 보니, 국방부 2인 1실의 좁고 열악한 간부숙소가 나름의 순기능이 있다는 것을 알게 되었다. 좁은 간부숙소는 국방부 야근을 촉진시키고 국방 업무 전반을 원활히 만드는 국가적인 기능이 있었다. 숙소에 가봐야 좁고 열악하기 때문에 누구도 일찍 퇴근하지 않았다. 차라리 국방부 사무실이 훨씬 더 넓고 아늑했기 때문이다. 저녁 늦게까지 야근을 스스로 원해서 하고, 거의 자정이 가까워서야 퇴근해서 대충 씻고 잠만 자는 생활을 2년간이나 했다.

그러는 와중에 아프가니스탄(오쉬노부대)에서 1년간 파병 생활도 경험했다. 파병 생활은 정말 지옥이었다. 일단 전쟁지역이라는 살벌하고 무거운 공기가 흐른다. 함부로 외부로 다닐 수 없다. 자유가 박탈된 생활. 가끔씩 심심할 때가 되면 현지 반군들이 우리 기지를 향해 RPG 로켓도 날린다. 그러면 또 살 떨리는 실제상황이 발생한다. 로켓 공격보다 실제상황 조치가 더 힘들고 짜증 났다. 밤이고 새벽이고 기지 전체가 전투배치하고 상황을 파악하는 절차를 반복한다. 고국에 있는 상급부대에 매일 보고서를 작성해서 보내는 행정적인 수고로움도 있었다. 그리고 만나는 사람들과 계속 만나야 하는 이 정신적 고통! 여기서도 한 방에 두 명씩 공동생활을 했다. 이 또한 엄청난 스트레스였다. 이걸 파병 기간인 6개월 동안 해야 한다니 정말 미칠 노릇이다. 6개월을 마치고 돌아오는 동료들의 면면을 살펴보면 모두 다 1년 이상은 늙어 보였다. 그만큼 고생을 한 것이다.

20년 넘게 직업군인 생활을 하면서 참 많은 지역을 옮겨 다니며 근무하고 많은 군관사에서 살아 보았다. 아마 군생활을 30년 이상 하신 선배님들은 더 많은 고생 경험이 있으실 것이다. 정신없이 군생활을 할 때는 몰랐는데 이제 40대 중반을 넘어 50대로 흘러가는 시점에서 인생을 반추해 보니 직업군인으로서 열심히 살아온 것 같기는 하다. 하지만 가정경제를 책임지는 경제인으로는 미흡한 부분이 많았다는 반성이 든다.

나의 경우에도 20대 초반 이른 나이부터 입대하여 불철주야 근무하고 훈련했다. 몇 군데 신체를 다치기도 하고 수술을 받기도 하면서 그렇게 몸도 상해 가며 군대 생활을 했다. 남들처럼 멀끔하게 양복 입고 출근하지도 못했고 군인의 수의라는 푸르른 전투복을 입고 전국 방방곡곡을 누비며 군생활을 20년 이상 해왔는데, 지금 보니 마음 한 켠 후회가 일기도 한다.

사회에 있는 친구들은 이제 대기업 과장이다, 부장이다 하면서 서울에 집 한 채 번듯하게 마련하여 자리를 잡고 있다. 그런데 상당수의 군인들은 본인 소유의 집 한 채도 없고 그냥 군관사가 내 집인 양 살고 있다. 모아 놓은 돈은 군인공제회에 저축해 놓은 돈밖에 없다. 나는 군에서 하라는 대로만 했는데 뭐가 이렇게 되었는지 모르겠다.

내가 잘못 살았나? 아니면 군대가 나를 이렇게 만들었나? 참 정신이 없다.

이제 군인관사도 더 이상 낡은 관사가 아니다!
엘리베이터는 기본! 화장실 2개, 넓은 거실에 알파룸까지!
'상전벽해'란 이럴 때 쓰는 말이 아닐까?
어제의 뽕나무 밭이 오늘의 푸른 바다가 되었다.

대한민국 방방곡곡 군관사를 돌아보며
군인아파트의 변화를 체감해 보자!

3

딩동댕!
전국 군관사 자랑

상전벽해, BTL 군관사

윤희는 시집간 딸네 집을 찾아가고 있다. 이제 피서철도 훌쩍 지난 늦은 8월. 참으로 무더운 날씨다. 딸이 보내 준 주소를 네비게이션에 입력하고 남편 철규가 차를 운전한다.

"여보, 주소가 아름수리아파트네."

"군인아파트 맞아? 요새 군인아파트 이름이 많이 좋아졌네."

윤희의 사위는 군인이다. 그리고 윤희의 남편 철규도 군인이었다. 친정 엄마와 딸이 모두 군인 가족인 특이한 내력을 가지고 있는 집안이다.

지금으로부터 30년 전, 윤희는 군인 가족이 되어 15평 낡은 군인아파트에서 신혼살림을 시작했다. 남편 철규가 군생활을 대부분 강원도 전방에서 보낸 관계로 윤희도 거의 강원도에서 결혼생활을 했다. 춘천, 인제, 화천, 속초 등 강원도 주요 지역은 안 가본 곳이 없다.

성실한 군인인 남편 철규는 매일 부대에서 살고 윤희는 하루 종일 남편을 기다리는 생활을 했다. 그래서인지 윤희는 군인 가족 생활이 무척 힘들었다. 군인관사도 낡고 좁고 불편한 기억뿐이다. 그런 힘든 군인 가족의 길을 애지중지 키운 딸 민영이 가고 있다니 참으로 화가 난다.

처음에는 딸 민영의 결혼을 반대했다.

"너 엄청 고생하는 길이야! 지금까지 엄마 살아왔던 거 몰라서 이러는 거야?"

"엄마, 내가 결혼하는 거야. 그리고 견우 씨 엄청 좋은 사람이고 믿음직한 사람이야."

윤희의 남편 철규는 아내와 딸의 중간에 끼어 아무 소리도 못 하고 있다. 본인도 아내 윤희가 고생한 것을 알고 있고 군인 가족의 길이 힘들다는 것도 알고 있다. 그래도 딸이 의젓하게 자라서 군인 가족으로 나라를 위해 충성을 한다니 내심 기쁘기도 하다.

자식 이기는 부모 없다고 윤희는 딸 민영과 군인 사위 견우의 결혼을 승낙할 수밖에 없었다. 그리고 이제 세 달여가 흘러 친정 부모로서 딸네 집에 처음 방문하는 것이다.

"요즘 군인아파트는 어떠려나?"

윤희는 과거 군인아파트가 떠올라 좀 끔찍하긴 하지만 그래도 많이 개선되지 않았을까 기대하는 눈치다. 지금 대한민국이 예전의 가난한 나라가 아니지 않은가!

드디어 방문한 아름수리아파트.

"어? 이건 완전 민간 아파트인데?"

군인아파트라는데 15층짜리 고층 아파트가 줄지어 서 있다. 놀란 윤희. 운전하고 있는 철규는 더 놀랐다. 아파트에 들어가는 지하주차장 입구를 찾기가 어려운 것이다. 그만큼 아파트 단지가 대형이고 으리으리하다.

"어허, 요새 군인아파트 많이 좋아졌구먼."

딸네 집인 104동을 찾아서 지하주차장에 차를 주차한다.

"여보, 지하 엘리베이터도 있어!"

윤희와 철규는 이건 뭐, 숫제 시골 사람이다. 딱 시골 쥐가 서울 와서 엄청나게 놀라고 있는 모양새다. 하지만 철규와 윤희가 살아왔던 지난날 군인아파트를 생각하면 당연한 일이기도 하다.

15평 군인아파트. 다 쓰러져 가는 외벽에 잡초가 무성한 아파트 주변 환경. 도배지는 다 찢어져 있고 곰팡이 냄새는 코를 찔렀다. 그런데 지금 본 군인아파트는 완전 '신상'이다.

딸이 사는 군인아파트는 30평대의 고급 아파트였다. 사위의 계급이 아직 대위밖에 안 되는데도 이런 좋은 아파트에 살다니 정말 놀랍다. 일단 실내가 넓으니 속이 다 시원하다. 요즘 젊은 새댁들은 양문형 냉장고, 드럼세탁기, 건조기가 기본으로 있어야 되는데 좁은 군인아파트로는 당최 집어넣을 수가 없다. 그러나 딸네 30평 군인아파트에는 최신 전자제품이 한가득이다.

사위 집에서는 아들이 군인이라서 군인아파트를 무료로 가지고 왔지만, 그래도 살림에 보태라고 5,000만 원을 주었다고 한다. 요즘 세상에 부모가 전셋값이라도 좀 대줘야 하는데 공짜 군인아파트만 가지고 와서 미안한 것이다. 요즘 젊은 부부들은 부모가 준 돈을 감사히 넙죽 받는다. 윤희도 딸 민영에게 3,000만 원을 지원했다. 그렇게 견우와 민영은 군인 가족치고는 좀 여유 있게 시작하여 30평 아파트를 멋진 신혼살림으로 가득 채울 수 있었다.

윤희는 이제 좀 기분이 좋아진다. 동시에 딸에게 조금 질투가 나기도 한다. 약간 이중적인 감정이다. 윤희 본인은 15평 낡은 군인아파트에서 고생하며 살았다. 그런데 요즘 군인 가족인 딸 민영이는 30평 군인아파트에, 신혼살림 3종 세트인 양문형 냉장고, 드럼세탁기, 건조기, 그리고 정수기, 고급 냄비 등 없는 것이 없다.

이것이야말로 상전벽해다. 지난 세월 허름한 뽕나무 밭이 이제는 푸르른 바다로 변해 있다. 윤희 본인은 뽕나무 밭에서 살았다. 하지만 딸도 그런 험한 곳에서 살 수는 없다. 푸르른 바다에 행복하게 넘실넘실 살아야 한다.

아파트 구경을 해본다. 안방도 넓고 화장실이 2개다.

"도배도 실크 벽지로 잘 해놨네."

"뭐야? 시스템 에어컨도 있네?"

정말 천장에 시스템 에어컨까지 달려 있다. 더운 날인데도 거실 안은 시원하기 그지없다.

"엄마, 요즘에는 군인아파트 시설이 좋아서 조심히 써야 돼요."

"시설이 좋아서 조심히 써야 된다고?"

"처음 상태 그대로 반납해야 된대. 마룻바닥 찍거나 벽지 찢어지면 벌금을 많이 문대요."

이것도 상전벽해이다. 처음 윤희가 노후 관사에서 살 때에는 시설물이 오래돼서 특별한 관리를 하지 않았다. 아이가 크레파스로 낙서를 해놓거나 장판을 더 찢어도 사실 누가 책임을 묻지 않았다. 어차피 오래된 관사이고 관리인도 다 같은 부대원이기 때문에 아파트 내부시설 훼손도 크게 문제 삼지 않은 것이다.

하지만 요즘 최신식 관사는 시설물 관리도 민간 전담회사에서 한단다. 그래서 아파트 내부 상태도 꼼꼼히 따지고 만약 파손이 있으면 벌금도 낸다고 한다.

"그래, 이것도 다 나라 재산인데 험하게 쓰면 당연히 안 되지."

"나중에 너희 집 생겨도 아껴서 잘 써야 되니까 그걸 미리 배우고 익혀야지."

요즘 군인아파트들은 BTL로 많이 짓고 있다고 한다. BTL은 민간 건설회사가 자본을 투자하여 아파트를 건설하는 방식이란다. 관사 소유권은 다시 국방부로 이전하고 민간은 시설관리도 전담한다. 이것을 20년간 나라에 임대해 주면서 건설비용과 관리비용을 받으며 투자비용을 회수하는 방식이다. 예산이 부족하여 군인관사를 새로 건립하기 어려웠는데 이런 BTL 방식을 통해 단기간 많은 새로운 고급 아파트를 지을 수 있었다. 국방부에 군인관사가 약 7만여 세대인데 그중 약 2만여 세대가 BTL 관사이다.

저녁이 되자 사위 견우가 퇴근해서 집으로 왔다.

"아니, 무슨 군인이 저녁 6시가 안 되었는데 퇴근을 해?"

"네, 장인어른. 오늘 4시 저녁이 있는 날이라 더 일찍 퇴근해요."

"요즘 군인은 4시에 칼퇴근도 하고 좋구먼."

"네, 요즘에는 워라밸이 중요하거든요. 정책적으로 한 달에 두 번씩 금요일마다 오후 4시에 퇴근합니다."

시대가 많이 변했다. 철규와 윤희는 생각보다 너무 잘살고 있는 딸네 집에서 즐거운 하루를 보냈다. 너무 멋진 부대 회관에서 럭셔리하게 식사도 하고, 부대 커피숍에서 커피도 한잔하면서 이런 얘기 저런 얘기 많이 나눴다. 그래도 군인과 군인 가족의 삶이 쉽지만은 않을 것이다. 고생할 사위와 딸이 더 힘을 내었으면 싶다. 앞으로 더 열심히 살아갈 둘을 위해 철규와 윤희는 진심으로 응원하기로 하였다.

백령도 군인관사 방문기

백령도는 인천에서 북서쪽으로 190km 정도 떨어진 섬이다. 서해 최북단에 있다. 대한민국 섬이지만 오히려 북한과 더 가까이 있다. 북한과는 10km밖에 떨어져 있지 않다. 면적은 약 45km^2이다. 원래 이름은 곡도였다고 한다. 그런데 섬 모양이 새가 흰 날개를 펼치는 모습이라고 하여 '흰 백(白)', '날개 령(翎)'을 붙여 백령도라고 한다.

백령도로 출장을 떠났다. 백령도에 있는 군인관사를 살펴보고 부족한 것이 있는지 확인하는 목적이었다. 백령도는 섬이기 때문에 배나 헬기로만 들어갈 수 있다. 헬기를 내 맘대로 타고 다닐 입장은 아닌지라 우리는 배로 입도하기로 하였다.

출장 당일, 일행은 먼저 인천항에 모였다. 인천항 연안여객터미널에 백령도로 가는 배편이 있다. 인천 여객터미널에서는 평생 만나지 못한 해병대 장병을 여기서 다 만난 것만 같았다. 어디서 왔는지 해병대 장병들이 엄청나게 몰려들었다. 거의 수백 명의 해병대 돌격머리와 빨간색 명찰을 본 것 같다. 아하! 백령도에는 해병대 부대가 있지!

백령도는 해병대가 가장 유명하지만 그 외에 육군 부대와 공군, 해군까지 다양한 부대들이 백령도에 있단다.

인천에서 백령도로 들어가는 배는 하루 세 척이 있었다. 아침 7시 50분, 8시 30분, 오후 1시에 출발하는 배이다. 나는 아침 7시 50분 배를 타고 백령도로 들어갔다. 배는 생각보다 컸다. 2,000톤급이라는데 사람 말고 자동차도 여러 대 싣고 섬으로 들어간다. 육중한 배는 휴가 복귀하는 해병대원과 바다낚시를 떠나는 강태공들, 그리고 백령도에 거주하는 주민들을 싣고서 서서히 인천항을 빠져나간다. 전투준비를 마친 해병대원을 싣고 적진으로 상륙하는 상륙함 같은 느낌이 언뜻 든다.

인천항을 떠난 지 3시간 정도 지났을까. 배는 먼저 소청도에 도착했다. 인천항에서 보던 서해는 회색빛의 뿌옇고 답답한 느낌이었다면 이곳 소청도의 바다는 정말 짙푸르다. 바다도 꽤나 깊어 보인다. 여기에서 다시 1시간을 더 가면 백령도라고 한다.

백령도에 거의 다다를 시간이 되었다. 갑자기 바다 안개가 엄청나게 끼기 시작한다. 큰 배가 휘청인다. 파도가 심상찮다. 밖에는 꽤 강한 바람이 부는 것 같다. 배 창문이 꽤 높은데도 파도가 쳐서 창문을 때리고 있다. 2,000톤급 큰 배가 흔들린다. 짙은 안개와 거친 파도로 창문 밖 바다 풍경이 보이지 않을 정도이다. 배 안에 탄 사람들도 흔들림으로 인해 멀미를 호소한다. 그때 선장의 방송이 들린다.

"지금 손님들께서 지나가시는 이곳이 심청전에 나오는 인당수입니다."

"인당수는 북녘 땅인 장산곶과 대한민국 백령도 사이의 해협입니다. 해류가 무척 빠르고 기상이 자주 나빠서 옛날부터도 배 사고가 잦은 곳이었습니다."

뱃사람들이 무서워하는 인당수. 그 인당수가 여기 있다니. 지금 시점에서 보아도 인당수는 만만한 물길이 아니다. 그런데 당시 나무배로 얼마나 많은 뱃사람들이 목숨을 잃었을까. 그 인당수 물길을 잔잔하게 하기 위해 심청이가 큰 파도에 몸을 던진다. 갑자기 잔잔해지는 바다. 안개는 서서히 걷히고 방파제가 눈에 들어온다. 여기저기 술렁인다.

"아~ 도착했네."

드디어 백령도에 도착했구나. 심청이가 몸을 던진 이후에는 해병대 장병들이 몸을 던져야 한다. 이제 휴가가 끝나고 자대에 복귀해야 하기 때문이다.

"아~ 들어가기 싫어."

이건 휴가가 끝나고 귀대해야 하는 해병대원의 안타까운 목소리다.

우리 일행은 해병대 부대 복지담당관의 안내로 백령도 해병대 관사로 향했다. 관사는 2003년도에 지어진 것으로 좀 노후된 편이라고 한다. 섬에 바람이 세서 그런지 높은 건물이 없다. 대부분 4층에서 5층 수준이다. 해병대 군인아파트도 4층 건물이다.

군인 가족 인터뷰도 준비되어 있다. 나는 그리 높은 사람이 아니기 때문에 군인 가족들도 편안하게 어려움을 이야기한다.

"여기에 병원이 불편해요. 특히 소아과하고 산부인과가 없어요."

백령도에는 민간병원은 없다. 아, 한의원이 하나 있긴 하다. 하지만 대부분은 나라에서 운영하는 보건소만 몇 개 있다. 백령도에서 큰 병원은 한 군데뿐이다. 인천광역시의료원 백령병원이다. 인천광역시가 운영하는 대형 보건소다. 소아과와 산부인과가 있지만 전문의가 부족하여 제대로 된 의료서비스가 어렵단다. 이 병원에서 전문의는 원장님을 포함한 2명이란다. 나머지 7명은 1년만 하고 떠나는 공중보건의라고 했다. 그래서 응급환자가 생기면 헬기를 타고 인천으로 나가야 한다. 그래서 군인 가족들은 많이 불안해하고 있었다. 실제로 백령도에 응급환자가 생기면 닥터헬기를 타고 인천 큰 병원으로 가는 사례가 많다고 한다.

요즈음은 관사 시설물보다 주거 환경이 더 중요해지는 세상이다. 학교나 학원 같은 자녀교육 환경, 병원 등 의료 환경이 중요하다는 것은 이미 잘 알려진 사실이다. 최근에는 집 주변에 대형마트나 편의점, 커피숍이 있어야 한다. 소비 환경에 대한 인식도 올라가고 있다. 역을 걸어서 갈 수 있는 역세권, 스타벅스 커피숍을 걸어서 갈 수 있는 스세권, 맥도날드를 걸어서 갈 수 있는 맥세권이라는 신조어도 나오고 있다. 그런 측면에서는 백령도에 사는 군인과 군인 가족들은 많은 불편을 감수하고 있다. 군인아파트 시설물도 사실 그리 좋은 편은 아니다. 20평대이고 대규모 주거단지가 없다. 그리고 물리적으로 육지와 단절된 섬이라는 공간, 그리고 의료나 교육 환경, 소비 환경도 모두 좋지 않다.

가장 어려운 문제는 안보 환경도 좋지 않다는 것이다. 북한 땅이 더 가까이 있다 보니 더 긴장이 된다. 몇 년 전에는 북한군이 포격 도발을 해서 인명피해가 나기도 했다. 백령도 전체에 전투준비의 긴장된 분위기가 흐르는 것 같다.

그러면 백령도에서 군인들은 주말에 뭘 할까? 낚시를 좋아한다면 더 이상의 천국은 없다. 백령도는 바다낚시의 성지이다. 외부 일반인들이 수십만 원 뱃삯을 치러 가면서 낚시하러 오는 곳이다. 낚시꾼들은 이런 말을 한단다.

"백령도에서 살고 있는 분들은 정말 복 받으신 분들이에요! 매일 낚시를 할 수 있는데 얼마나 좋습니까. 하하하."

한번 10년만 살아 봐라, 진짜 좋은지.

백령도에는 우럭이 많이 잡힌다고 한다. 자연산 우럭은 완전히 새카맣다. 우럭인지 연탄인지 모를 정도다.

신비의 섬, 백령도. 그 멀리 있는 섬에서 나라를 지키는 군인과 군인 가족들이 있기에 우리가 발 뻗고 잘 수 있다. 지면을 빌려 감사함을 전한다.

눈 내린 나리관사의 추억

대한민국에서 눈이 가장 많이 오는 곳이 어딜까? 강원도 전방부대에 있을 때 눈을 엄청 많이 치운 기억이 난다. 정말 치워도 치워도 끝없이 내리는 눈이었다. 중·고등학생 때 학교에서 배운 기억에는 울릉도에 눈이 많이 온다는 이야기가 있었다. 울릉도 연평균 강설량이 232cm라고 한다. 사람 키를 훌쩍 넘는 수준으로 눈이 온다. 이건 뭐, '설국열차' 수준이다. 눈이 내리는 일수도 연평균 57일이다. 두 달 동안 눈이 온다. 정말 엄청나다. 울릉도 내에서도 성인봉 주변인 알봉과 나리분지에 특히 많은 눈이 온다고 한다.

나리분지는 울릉도 북부에 위치한 평평한 분지이다. 동서 길이는 약 1.5km, 남북 길이는 약 2km 정도 된다. 면적은 약 $2km^2$이다. 울릉도에서 유일한 평지라고 한다. 분지 주변에는 외륜산, 알봉, 송곳산 등의 높은 산이 병풍처럼 둘러싸고 있다. 겨울이 되면 북방에서 내려오는 차가운 북서풍과 울릉도 주변 바다의 따뜻한 바람이 만나게 된다. 그 뒤섞인 기류가 울릉도의 북쪽 산악지역에 부딪히면서 평평한 나리분지에 엄청난 눈을 뿌린다.

예로부터 나리분지에는 큰 눈을 극복하기 위해 독특한 주거문화가 발달했다. 투막집이라고 하는데 울릉도의 전통가옥 형태이다. 일반적으로 투막집은 통나무로 지으며 지붕과 울타리가 독특하다. 바람이 강한 울릉도의 특성 때문인지 지붕이 낮고 투박하다. 집이 무거운 눈의 무게를 이길 수 있도록 되어 있다. 지붕이 끝나는 지점에는 우데기라고 옥수숫대 같은 것으로 외벽을 만들어 둘러친다. 바람에 버티게 하기 위해 중간에 기둥도 설치한다. 그러면 방과 우데기 사이에 공간이 형성된다. 울릉도에는 눈이 너무 많이 오기 때문에 일반적인 전통가옥이라면 방에서 꼼짝할 수가 없게 된다. 사람 키만 한 눈이 마당에 쌓여 버리면 방문을 열 수가 없다. 하지만 투막집은 우데기가 있어서 눈이 오더라도 활동공간이 확보된다. 여기를 거실처럼 사용할 수 있다.

울릉도 나리봉에 군인관사가 있다. 산 중턱에 있는 군인관사이다. 부대 바로 옆 2층짜리 건물이다. 관사 내부는 30여 평 정도 된다. 다만 교통이 매우 불편하다. 생활 편의시설은 천부 지역에 위치하고 있다. 슈퍼마켓 장보기나 약국, 아이들 학원 모두 천부 지역에서 해결할 수 있다. 군부대와 관사가 있는 나리분지에는 천부 지역으로 가는 길이 딱 두 가지뿐이다. 천부 1리 쪽으로 가는 천부길과 천부 2리 쪽으로 가는 나리길이다. 그런데 이 길 모두 왕복 1차로의 매우 좁은 길이다. 한쪽에 다른 자동차가 오면 도중에 서서 누군가 비켜 줘야 갈 수 있다. 길이 매우 좁고 자동차로 이용하기에 불편한 길이다.

그 산길에 있는 관사의 삶은 얼마나 불편할 것인가! 보통 때에도 왕래가 쉽지 않다. 그런데 여기에 눈까지 오면 생활은 마비된다. 눈이 많이 오면 울릉군에서 제설작업을 하기도 하지만 산길까지 즉각 제설작업이 완료되긴 어렵다. 그럼 당연히 교통은 통제된다. 나리에 있는 부대 간부들은 집으로 내려가지도 못하는 상황이 발생한다. 단순히 눈이 많이 와서 집으로 가지 못하다니! 눈 때문에 1~2주일 동안 부대에서 대기하는 것도 예사라고 한다. 그래서인지 울릉도에 살고 있는 군인 가족들은 전쟁 상황보다 대설 상황이 더 무섭다고 한다.

"저는 부산 출신인데요, 울릉도에 와서 눈 오는 거 보고 정말 깜짝 놀랐어요."

부산은 한겨울이 되어도 눈을 보기 어려운 고장이다. 그런 곳에 살다가 울릉도에서 폭설을 보게 되니 정말 놀랄 만도 하다. 눈 때문에 자주 극한 상황도 연출된다.

"저는 눈이 많이 와서 남편이 집에 안 오는 건 상관없는데요."

"그런데요?"

"눈이 와서 학원차가 관사까지 못 올라와요. 그럼 아이들이 학원에 못 가는 것이 가장 무서워요."

남편은 집에 안 와도 된다. 그런데 아이들이 학원에 못 가는 건 용납할 수가 없다. 이것도 새로운 군인 가족의 변화이다. 어쩌면 대한민국 엄마들의 변화라고 봐야겠다. 군인 남편 입장에서는 정말 극한 상황이다.

겨울에는 워낙에 눈이 많이 와서 간부들은 세차를 하지 않는다고 한다. 어차피 또 눈이 와서 차가 지저분해질 것이기 때문이다. 이곳 울릉도에는 한번 눈이 오면 적설량이 한 100cm 정도 된단다. 엄청난 눈에 나무와 산이 모두 묻혀서 하얗게 설원이 된 풍경은 정말 아름답다. 신비로운 풍경이 그야말로 절경이다.

울릉도에는 300m 길이의 관광 모노레일이 있다. 울릉도의 비경을 편하게 감상할 수 있다. 맑은 날에는 독도까지 보인다고 한다. 독도를 가려면 울릉도를 반드시 지나야 한다. 독도에도 군인관사가 있으려나?

공군 관사, 소음과 남편 걱정에 잠을 이룰 수 없어

군용 비행장에는 거대한 활주로와 함께 다수의 항공기가 있고, 그 항공기를 조종할 조종사가 있으며, 이들을 지원하는 다수의 지원부대가 함께 있다. 공군은 군용 비행장 단위로 주로 운용이 되며, 이를 비행단이라고 한다. 비행단은 영어로는 '윙(Wing)'이다.

비행단에는 지휘부와 항공작전부대, 기지방호부대, 지원부대, 정비부대가 편성되어 있다. 지휘부는 장군 계급의 비행단장님과 참모들로 구성된다. 항공작전부대는 비행단의 주력부대로, 전투기를 포함한 각종 항공기들을 운용하는 부대이다. 그리고 특이하게도 항공작전부대에는 기상부대가 편제되어 있다. 기상부대에서 항공기에 큰 영향을 미치는 날씨를 분석하고 예측한다. 그리고 비행장의 항공기 운항을 통제하는 관제부대가 있다.

기지방호부대는 거대한 비행장을 지키고 활주로나 시설에 문제가 발생하면 즉각 보수하는 부대이다. 예하에는 군사경찰과 공병부대, 화생방부대, 방공부대가 있다. 지원부대는 비행장에 근무하는 장병들을 지원하는 부대이다. 지원부대에는 군인관사와 복지시설을 관리하는 부대가 있다. 그리고 보급부대와 통신부대가 나란히 편제되어 있다. 대략 나열했지만 다양한 부대들이 항공기 출동을 위해 힘을 합치고 있다는 것을 알 수 있다.

공군 비행장은 여러 부대가 집중되어 모여 있어서 주둔지 규모도 매우 크다. 그러니 타 군에 비해 복지시설도 매우 잘되어 있다. 육군 같은 경우에는 생존성과 효율성을 위해 부대가 흩어져 있는 경우가 많다. 따라서 주둔지도 소규모로 되어 있고 복지시설도 부족한 편이다. 하지만 공군은 비행단 내 대규모 영내마트(BX라고 한다)와 부대 헬스장은 기본적으로 있고, 기지 내에 카페나 볼링장, 수영장도 있어서 기지 생활의 편리함을 충분히 누릴 수 있다. 경우에 따라서 부대 안에 베스킨라빈스나 롯데리아, 던킨도너츠 등 유명 브랜드가 입점한 부대들도 있다. 거의 중소도시급 생활여건을 갖추고 있다고 봐야 한다. 또 대부분의 비행단은 부대 옆에 골프장도 갖추고 있다. 항상 전투대기를 해야 하는 군인을 위한 배려이다.

부대가 넓고 규모가 크다 보니 이동하기도 쉽지 않다. 그래서 기지 내에 셔틀버스와 부대 택시가 운행된다. 간부들은 초임 때부터 승용차를 사서 타고 다닌다. 병사들은 자전거를 타고 이동하기도 한다.

부대 제초 작업도 굉장하다. 여름 성수기가 되면 부대별로 제초 태스크포스(TF)를 조직하여 특수작전을 펼친다. 한마디로 하루 종일 풀을 뽑고 벤다. 항공기의 운항을 방해하는 새를 쫓는 팀도 있다. 소음을 발생하는 총을 들고 다니면서 새 떼가 나타나면 겁을 줘서 멀리 쫓아낸다.

공군부대는 관사도 규모가 매우 크다. 비행단에 거의 700~1,000세대 규모로 주거시설을 유지한다. 최근까지 BTL로 지어서 시설 상태도 좋은 편이다.

공군은 특성상 긴급출동이 많다. 전투기는 속도가 워낙에 빨라서 적기가 침투하면 몇 분 이내에 우리 영공으로 바로 들어온다. 그래서 우리도 대응을 하려면 몇 분 이내로 출격해야 한다. 그래서 전투기는 3~5분 이내로 출동대기를 한다. 전투기를 조종하는 조종사만 대기하는 것이 아니다. 항공기에 폭탄을 다는 무장사, 주유를 하고 정비를 하는 정비사도 같이 대기를 한다. 또 관제사와 작전반, 의무대 등도 다 같이 임무를 수행한다. 그러면 그 인력들은 낮이고 밤이고 계속 전투대기를 하고 비상출격을 한다.

전투기가 뜨면 엄청난 소음이 생긴다. 땅이 울리고 소음으로 온몸이 두들겨 맞는 듯한 느낌이 든다. 전투기 소음을 듣는 사람은 스트레스가 장난이 아니다. 귀를 막아야 될 정도니까. 처음 가보는 사람은 너무 시끄러운 소리에 깜짝 놀란다. 보통 90데시벨 정도이다. 비행장에서 1~2km 정도 떨어져 있어도 워낙에 시끄러워서 바로 옆에서 비행기가 날아가는 듯한 느낌이다. 항공기는 1대만 날지 않는다. 일반적으로 2대 이상 비행을 한다. 4대가 편대인데, 편대 비행을 하면 주변은 소음으로 완전히 초토화된다. 사람이 옆에서 이야기를 해도 전혀 들리지 않는다.

비행장 인근에 있는 학교에도 피해가 많다. 학생들이 수업에 집중하기가 힘들다. 처음 오는 학생이나 선생님들은 적응하는 데 시간이 꽤나 걸린단다. 영어 듣기평가를 하면 영어 말하는 소리가 들리지 않는다. 제대로 들어도 영어가 잘 들리지 않는데 비행기까지 날면 이건 뭐 숫제 0점이다. 비행기 소음으로 창문도 흔들리고 심하면 깨지기도 한다.

요즘은 소음으로 돈도 받는다. 국방부에서는 2021년 12월부터 군용 비행장에 대한 소음대책지역을 지정하고 피해보상을 하고 있다. 소음 정도에 따라 한 달에 3만 원에서 6만 원 정도의 보상금을 준다. 사실 피해 정도에 비하면 얼마 되지 않는 돈이다. 충주비행장의 경우에는 인근 주민 1만 2,693명을 대상으로 37억 8,000만 원의 보상금을 지급한다고 한다.

비행장 인근에 사는 일반인들도 비행기 소음에 엄청난 스트레스를 받는다. 청력도 감퇴되고 잠도 못 잔다. 그런데 영내에 있는 군인관사는 그보다 더 시끄럽다. 일단 비행장 내에 있으니 일반인들보다 물리적으로도 더 가깝다. F-35 같은 최신 전투기들은 엔진 출력이 워낙 높아 엄청나게 시끄럽다. 그래서 소음 피해를 줄이기 위해 조금 특이한 방식으로 이륙한다. 일반적으로 서서히 상승하는 것이 아니라 비행장에서 이륙하면서 거의 수직으로 급상승을 한다. 그러면 비행장 주변 민가에는 소음이 많이 줄어든다고 한다. 그런데 비행장 영내에는 바로 수직으로 소음이 꽂히기 때문에 소음 피해가 더 크다.

비행장 영내 군인관사는 이렇게 소음이 더 큰데도 공군 군인 가족들은 무슨 죄를 지었는지 항상 미안해하고 죄송해한다. 부대 앞에는 비행장을 이전하라는 플래카드가 한가득이다. 공군 물러가라고 한다. 또 이전하는 곳에서는 군비행장 들어오지 말라고 난리다. 이전 반대 데모가 이어진다. 그리고 정작 본인 관사에서는 그 시끄러운 비행기 소음을 다 받아들여야 한다. 밖에보다 더 시끄러운데도 공군 가족이다 보니 아무 말 없이 무덤덤하게 참는다. 공군 비행장 주변에 사는 일반인은 야간 비행 소리가 나면 시끄럽다고 화를 내며 잠을 못 잔다. 그런데 조종사 남편이 있는 공군 가족은 우선 남편 걱정에 밤새 잠을 못 잔다. 일반 비행도 위험하지만 야간 비행은 더 위험하다. 군인 가족들은 항상 안전 비행을 염원하며 기도한다.

실제로 공군 파일럿 중에 순직한 이들이 많이 있다. 얼마 전에도 파일럿 두 명이 순직하였다. 수십 킬로미터 상공에서 작전을 하는 것이 공군이다. 속도도 엄청나게 빠르다. 비행기가 음속을 돌파하면 비상탈출을 하더라도 몸이 버티지 못한다고 한다. 비상탈출 시의 충격으로 대부분 사망한다고 한다. 실제로도 살아남은 경우가 없단다. 육군은 병사들이 전쟁을 하고, 해군은 부사관이 전쟁을 하고, 공군은 장교들이 전쟁을 한다는 말이 있다. 비교적 생존 확률이 낮은 계층을 언급한 것이다. 실제로 공군은 파일럿들이 폭탄을 짊어지고 비행기를 타고 적진을 향한다. 공군 파일럿은 직접 전투를 한다. 하지만 나머지 병사와 부사관은 직접 전투는 하지 않는 지원 임무이다.

죽음을 무릅쓰고 창공에서 전투를 하는 조종사들이 너무 멋있다. 파일럿이 되기 위해 얼마나 많은 관문을 통과하였나. 실제로 공군 사관생도 중에 파일럿이 되는 경우는 10% 이내라고 한다. 그들은 빨간 마후라 하나 매고 조종사라는 자부심 하나로 적지로 출격한다. 그게 하늘의 사나이다.

퇴직해도 진해에 살어리랏다

경남 창원에는 진해라는 곳이 있다. 얼마 전까지 창원시 진해구(區)였다가 2010년 진해시(市)로 행정구역이 바뀌었다. 일반인에게 진해는 군항제로 잘 알려져 있다. 그런데 진해가 대한민국 해군의 모항이라는 것을 알고 있는가?

진해라는 이름부터 남다르다. 진해(鎭海), '진압할 진', '바다 해'. 바다를 진압한다는 뜻이다. 진해는 조선시대부터 해군의 요충지였다. 지형 자체가 군항으로 적합하고 수심도 깊어 큰 배가 정박하기에도 적절하기 때문이다. 그러다 1910년도 일제에 의해 군사도시로 개발되었다. 진해는 해군과 뗄 수 없는 도시이다. 해군의 아버지 손원일 제독에 의해 진해에서 해군이 창설되었기 때문이다. 진해는 우리 해군의 가장 큰 주둔지이다. 과거에는 해군 작전사령부까지 진해에 있었기 때문에 지금보다 해군의 규모가 컸다. 이제는 해군 작전사령부는 부산으로 이전하였지만 현재에도 많은 해군 부대들이 있다.

진해에는 해군 행정부대들이 많은 편이다. 해군군수사령부, 해군사관학교, 해군교육사령부가 있다. 그리고 잠수함사령부와 각종 훈련전단, 해양의료원도 위치해 있다. 해군으로 근무하면 진해에는 반드시 한 번 이상은 오게 되어 있다. 해군 기본교육을 진해에서 받기 때문이다. 해군 창설 시부터 많은 인프라와 정신적 유산들이 진해에 모여 있기 때문에 해군 장병은 진해를 마음속의 영원한 모항으로 생각한다.

이런 해군이 부럽기도 하다. 육군과 공군은 모항 개념이 없기 때문이다. 특히 육군은 부대가 워낙에 많기 때문에 수시로 전국 군부대를 떠돈다. 나도 20년 넘게 육군으로 군생활을 하였지만 나의 모부대는 없다고 봐야 한다. 물론 처음에 근무한 부대가 기억에 남기도 하지만, 모부대 개념이 없다는 것은 조금 쓸쓸하기도 하다.

진해에는 해군 부대가 많다 보니 해군 관사도 밀집되어 있다. 진해 기지 바로 앞에 블루빌과 오션빌 아파트가 크게 조성되어 있다. 해군 특성상 아파트 이름에 '오션(Ocean)'이나 '블루(Blue)' 등 바다를 뜻하는 단어가 많이 들어간다. 수시로 부대 이전이나 개편을 하는 육군과 달리 해군의 진해는 완전히 해군을 위한 100년 도시이다. 그래서 관사나 복지시설을 지을 때도 100년을 바라보고 짓는다고 한다.

해군 장병을 만나면 정말 진해를 진심으로 사랑한다는 것을 쉽게 느낄 수 있다. 현역일 때에도 진해에서 살고, 퇴직을 해도 진해에서 정착을 하겠다고 한다. 일단 본인이 해군이라는 자부심이 강하다. 또 진해에는 동기들이나 선후배들이 많이 정착하다 보니 해군 인적 네트워크도 많이 형성되어 있다. 그리고 해군 장병을 위한 복지 여건도 상당히 좋다. 해군회관, 수영장, 헬스장 등 대형 복지회관도 잘되어 있다. 군인마트의 경우에도 전군에서 가장 큰 규모가 아닐까 싶을 정도로 내부가 넓고 상품이 많다. 독신간부숙소에도 일반 민간 24시간 편의점이 입점되어 있어서 야간에도 편하게 쇼핑할 수 있도록 한 것도 매우 신선했다. 대형 군 주둔지답게 군인 골프장도 잘 마련되어 있다. 한산대 체력단련장이 18홀 규모로 있는데, 1968년도에 만든 유서 깊은 골프장이란다.

진해는 시내 곳곳에 벚나무가 있다. 약 36만 그루 정도 된다고 한다. 4월이 되면 그 많은 벚꽃들이 만개하여 실로 아름다운 자태가 된다. 그래서 4월 초에는 진해 군항제가 열린다. 진해 군항제는 충무공과 연관이 깊다. 1952년 대한민국 최초로 충무공 이순신 장군의 동상을 진해 북원로터리에 세우고 그를 추모한 것이 군항제가 된 것이다.

진해에서는 민군 갈등이 상당히 적은 편이다. 이미 진해가 군인도시라는 인식이 강하기도 하다. 그리고 옛날부터 군인들이 많이 살아서 그런지 군인에게 매우 우호적이다. 사실 진해에 거주하는 많은 일반인들이 해군과 연관이 있는 것 같다. 나이가 지긋하신 분은 과거 본인이 해군이었거나 아니면 가족 중에 해군 출신이 있다. 젊은 분들은 현역 해군이거나 해군 가족, 아니면 가족 중에 해군 출신이 있는 경우가 많다. 내가 봤을 때는 진해 사는 사람 거의 100%가 해군과 연관된 관련자들이다.

해군의 모항은 진해이다. 어딜 가든지, 어디에서 살든지, 마지막에는 결국은 진해로 돌아온다는 해군들의 생각이 마음을 울린다. 진해야, 앞으로 해군 100년도 더 부탁해~!

국내 최대 군인 마을,
계룡시 신도안

미군들은 '캠프(Camp)'라고 해서 군사시설이 한 데 모인 거대한 군부대 주둔지를 가지고 있다. 미국 본토 내에서 보더라도 거의 중소도시에 필적할 큰 주둔지들이 몇 군데 있다. 미국 밖에서는 평택 미군기지가 가장 큰 미군의 해외기지라고 한다. 안에 시설도 엄청나고 상주 인력도 매우 많다. 우리나라에도 최대 규모의 군인도시가 있다. 바로 충남 계룡시에 있는 계룡대이다.

계룡시는 원래 충청남도 논산시 두마면이었다. 완전히 산과 논밭밖에 없는 시골이었다. 원래 계룡은 지형이나 기후가 농사에 적합하지 않아 인적이 드문 시골이었다고 한다. 그러다 1989년부터 육·해·공군 3군 본부가 계룡으로 내려오면서 활기를 띠기 시작했다. 원래 육군본부는 서울 용산에 있었다. 지금의 전쟁기념관 자리이다. 해군본부는 영등포구 신길동에 있었고, 공군본부는 동작구 대방동에 있었다. 3군 본부가 따로 위치하다 보니 군의 정책도 따로 국밥이었다. 그래서 옛날부터 3군 본부 통합은 자주 이야기가 되었다. 그러다 1989년 3군의 지휘통합을 위해 계룡대로 부대 이전을 한 것이다.

계룡대는 계룡산 자락에 위치하고 있는 넓은 공터이다. 큰 산이 주변을 막아 주고 그 아래 평평한 지역에 본부를 갖추고 있다. 풍수지리에서는 이곳이 정말 좋은 기운을 가지고 있다고 한다. 지형 밖에서는 내부를 절대 살펴볼 수 없는 지역이라고 해서 도읍의 기운을 가지고 있다는 것이다. 그래서 조선시대에 이성계가 나라를 세울 때 새로운 도읍으로 고민하였던 곳이다. 계룡대 자리에 새로운 도읍 자리를 만들다가 취소하고 결국은 한양에 도읍을 두었단다. 그래서 이곳을 아직도 새로운 도읍, '신도안'이라고 부른다.

계룡대에는 17개 군부대와 기관이 있으며 약 9,500여 명이 근무하고 있다. 출입문은 크게 3개가 있다. 계룡대 본청을 바라보는 것을 기준으로 중앙의 1정문과 좌측 2정문, 그리고 우측에 있는 3정문이다. 계룡대가 워낙 크다 보니 각 정문끼리도 2~3km 정도 떨어져 있다. 2정문은 계룡역과 계룡시청이 지리적으로 가깝다. 따라서 일반적으로 출입은 2정문 쪽으로 많이 한다. 출근이나 퇴근 러시아워에는 2정문을 통하는 길목에 많은 차들이 몰려서 매우 복잡해지기 때문에 군사경찰이 나와 출퇴근 차량 교통통제를 한다.

영내 부지는 약 290만m²로 신도시급 규모이다. 내부에는 약 400개동의 건물이 있다. 그중에 가장 압권은 본청이라고 불리는 본부 청사이다. 본청은 지상 5층, 지하 3층의 건물로서 특이하게도 8각형 모양을 하고 있다. 미국 국방부인 펜타곤의 모습과 흡사하다. 지리적으로도 본청은 계룡대의 중앙부에 딱 위치하고 있다. 이 거대한 건물은 웅장하기까지 하다. 본청에는 출입구가 4개가 있는데 각각 동서남북으로 연결된다. 그래서 각각 동문, 서문, 북문, 남문으로 부른다. 내부에 들어가면 고풍스러운 분위기의 비슷한 복도와 비슷한 사무실들이 워낙에 많다. 그리고 보안 때문인지 빙글빙글 도는 복도 구조이다. 처음 근무하는 군인들은 사무실 위치를 매우 헷갈려 한다. 다른 사무실을 찾다가 길을 잃고 헤매는 경우도 허다하다. 그래서 계룡대에서 근무한 지 6개월 정도가 지나야 이제 계룡대 본청의 동서남북은 분간할 수 있다고들 말한다.

계룡대에는 비상 활주로도 있다. 비상시에 항공기가 뜨고 내릴 수 있는 곳이다. 거대한 활주로가 계룡대 3정문과 1정문 사이에 위치한다. 해마다 열리는 계룡대 군문화 페스티벌이 이곳 비상 활주로에서 열리기도 한다. 군문화 페스티벌에는 큰 군용장비들이 많이 전시되기 때문에 넓은 비상 활주로가 제격이다.

처음 각 군 본부가 이전한 1990년대에는 이곳에 외부 식당이 없었다고 한다. 원래 인적이 드문 시골이었단다. 그러다 군인과 군인 가족들이 많이 모이자 조금씩 노상식당이 생겨나고 시장도 열리기 시작했다. 아직도 계룡대 군인관사인 해미르아파트 옆 주차장에는 매주 금요일이 되면 금요 장터가 열린다. 그러면서 엄사리가 1990년대 중반 개발되었다. 지금은 규모가 커져 엄사면이지만 옛날에는 엄사리였다. 엄사면에 있는 아파트는 1990년대에 지어졌고, 평수는 20평 정도가 많다. 대부분 당시 유행하던 복도식 아파트이다. 이때에 인구가 급격히 늘어났다. 인구 5만이 넘어 자동적으로 시로 승격될 것이라고 여겨졌다. 그러다 2000년도에 금암동이 개발되고, 계룡시로 승격되고 계룡시청이 들어섰다. 사실 계룡시 인구는 약 4만 3,000명 정도이다.

주민등록을 하지 않은 군인 등 유동인구가 매우 많지만, 인구가 5만 이상으로 급격하게 증가하지는 않았다. 그래도 3군 본부가 있는 중요성이 인정되어 특례법으로 계룡시로 승격되었다.

계룡대 군인아파트는 약 3,000세대가 형성되어 있다. 별개로 독신자 숙소만 1,500실이다. 계룡대 2정문에서 약 2km 정도 떨어진 곳에 해미르 BTL 관사와 품안마을 BTL 관사가 있다. 해미르아파트는 바로 옆에 용남초등학교와 용남중학교, 용남고등학교까지 가지고 있다. 명실공히 '초중고품아'의 고급 아파트 레벨이다. 이 아파트는 BTL이라 시설이 좋은 고급 아파트다. 지하주차장도 넓고 동간 간격도 넓으며 조경도 잘되어 있어서 생활하기에 매우 쾌적하다. 아파트 바로 옆에는 계룡대 쇼핑센터가 있으며 실내수영장과 테니스장, 문화센터 등이 잘 마련되어 있다. 계룡대에는 정규 골프홀인 18홀짜리 군 골프장이 두 곳이나 있다. 계룡대 체력단련장과 구룡대 체력단련장이다. 특히 두 개 체력단련장 모두 국립공원인 계룡산 자락에 위치하기 때문에 경관이 매우 훌륭하고 공기도 맑다.

계룡시 자체가 생활여건과 편의시설이 좋아서 퇴직 이후 레저도시로 분류된다. 대부분 주민들이 군인이나 군인 가족이기 때문에 소비성향도 높다. 대도시와 접근성도 좋다. KTX 계룡역을 이용하면 서울 용산까지 1시간 20분 만에 이동할 수 있다. 인접한 대전까지도 차량으로 30분이면 도달한다. 계룡시는 전화번호도 대전과 같은 042번을 쓴다. 군인들이 살기에 정말 좋은 곳이 충남 계룡시이다.

군인 가족의 천국,
대전시 자운대

"자주색 구름이 걸친 곳에서 나라를 구할 인재가 나타날 것이오."

믿거나 말거나 한 예언자가 이렇게 말했다고 한다.

대전에 자주색 구름이 걸친 상서로운 곳이 있다. 바로 대전광역시 유성구에 위치한 자운대이다. 자줏빛 구름이 모인 넓은 군인의 터전인 자운대는 17여 개 군부대가 모여 있는 곳이다.

자운대는 매우 특별한 곳이다. 일단 대전광역시 자락에 572만m^2의 거대한 군부지가 있는 것이 대단하다. 또, 원래부터 자운대에 자리 잡았던 주인은 따로 있었다. 자운대는 신흥종교인 수운교(水雲敎)의 본산이기도 하다. 군부대와 신흥종교의 연관이라니, 조금 특이하다.

하지만 사실 이곳은 수운교가 먼저 터를 닦고 있었단다. 수운교는 1923년 창시자 이상용에 의해 서울에서 창립된 동학계 신흥종교이다. 이상용은 1822년 경주에서 태어났으며 일찍이 불교에 귀의하여 전국 명산을 돌아다니며 수도하고 있었다고 한다. 그러던 중 1920년에 계시를 받고, 1923년에 수운교를 창립했다. 초기 수운교는 서울 서대문에서 활동하였다. 그러다가 기존 동학계 교도들 간에 마찰이 생기자 서울에서 현 자운대 위치인 금병산 기슭으로 이전하였다. 이후 수운교는 본부를 이곳으로 정하고 천단을 쌓고 포교 활동을 전개하였다. 그러자 전국에서 신자들이 금병산으로 모여들었다. 이로써 현 자운대 일대에 자연스럽게 수운교 마을이 형성되었고, 1930년대에는 주변 황무지를 개간하며 공동체 생활을 하였다.

그 금병산 기슭에 군부대는 1992년부터 이전을 하였다. 1992년에는 육군정보통신학교와 공병부대, 군수지원부대가 먼저 입주하여 자운대의 인프라를 처음 만들었다. 그러다 1995년도에 육군대학을 시작으로, 해군대학과 공군대학이 자운대로 이전하였다. 2004년도에는 육군 교육사령부가 이전하였고, 2006년도에 국군간호사관학교와 국군대전병원, 의무학교가 마지막으로 이사하였다. 자운대는 1992년부터 2006년까지 약 14년에 걸쳐서 군부대가 자리를 잡았다.

자운대에는 현재 17여 개의 군부대와 약 5,000여 명의 인력이 근무하고 있다. 또 교육기관이 많이 있어서 교육생만 매년 5,000여 명이 출입한다. 엄청난 수의 유동인구로 웬만한 상권 이상의 규모이다. 자운대의 부지는 572만m^2로, 계룡대보다 거의 두 배나 넓다. 참고로 계룡대는 290만m^2이다. 한 가지 특이점으로, 자운대는 부지를 남북으로 가로지르는 왕복 8차선 큰 도로를 중심으로 형성되어 있다. 도로의 좌측에는 주로 군인아파트와 복지회관, 종교시설 등이 있다. 그리고 도로의 우측은 군부대들이 위치하고 있다.

자운대에는 2,700여 세대의 군인관사가 있다. 대부분 군인관사가 18평 이하로 낡고 좁은 상태다. 하지만 최근 들어 30평형의 BTL 군인관사로 많이 개선해 가고 있다. 자운초등학교와 자운중학교가 있어 군인 자녀들이 이곳에 다닌다. 처음 전입 온 자운초등학교 선생님이 훈련하고 있는 통신학교 통신차량을 보고 전쟁이 났는지 알고 깜짝 놀랐다고 하는 전설 같은 이야기도 전해 내려오고 있다.

자운대는 대전 시민들에게도 친근하다. 자운대 쇼핑타운이 매우 유명하다. 면세로 저렴하게 물건을 살 수 있다는 소문이 퍼지자 엄청나게 많은 대전 시민들이 자운대 쇼핑타운으로 몰리기도 하였다. 자운대에는 복지회관도 두 곳이나 있다. 거기에는 객실과 식당, 목욕탕을 비롯해서 스크린 골프장, 편의점, 치과, 횟집, 감자탕집, 미용실, 피자집 등 가게들이 종류별로 들어서 있다. 거대한 상권을 나름 형성하고 있는 것이다.

자운대에는 9홀 골프장도 있고 실외 골프연습장도 큰 규모로 들어서 있다. 그래서 군인들이 자운대에 와서 공부하느라 고생을 하지만 군인 가족들은 즐거운 자운대 생활이 펼쳐진다고들 한다. 군인들은 육군대학에서 좋은 성적을 내기 위해 밤을 새워 가며 공부해야 한다. 하지만 군인 가족들은 이곳 자운대에서 처음 골프를 배우는 경우가 많기 때문이다. 일반적으로 연습장에서 골프 레슨을 받고, 바로 옆에 있는 자운대 체력단련장에서 필드 경험을 쌓는다. 그러다 실력이 붙으면 인근 계룡대 체력단련장, 구룡대 체력단련장, 남성대 체력단련장, 창공대 체력단련장으로 차례로 도장 깨듯이 실력을 쌓아 간다. 그래서 군인보다는 군인 가족들의 골프 실력이 더 좋다는 소문이 있다.

자운대에는 추목수영장이라는 실내수영장과 볼링장도 있다. 여러모로 군인 가족들이 살기에 매우 편리한 환경이다. 군인 가족들에게 가장 인기가 좋은 군인아파트 단지는 계룡대가 아니라 자운대라는 의견이 많다. 계룡대와 자운대가 기본적인 편의시설의 편리성은 비슷한 듯하지만, 대도시인 대전과의 접근성에서 자운대가 훨씬 뛰어나기 때문에 좋은 평점을 얻는 것 같다.

위례신도시의 군 유토피아

예전에는 군대에서 잘못을 저지르면 남한산성에 간다고들 했다. 그 이유가 당시 종합행정학교 헌병 영창이 바로 남한산성 아래에 있었기 때문이다. 그래서 군대에서 사고 치면 종합행정학교 헌병 영창에 가는 것을 '남한산성에 간다'고 우스갯소리로 하였단다. 나도 그곳에서 근무해 본 적이 있다. 정확히 말하면 종합행정학교와 붙어 있는 육군정보학교 군사어학원에서 영어를 공부해 본 적이 있다.

송파IC를 나와서 큰 도로로 들어가면 성남시 수정구 창곡동이 나온다. 이곳은 차도 엄청나게 밀린다. 예전부터 여기는 잠실과 성남과 송파가 맞물리는 교차로로, 교통량이 상당한 곳이다. 큰길로 올라가다 보면 국군복지단 물류센터와 국군체육부대가 나온다. 여기서 조금 더 올라가면 쌍둥이 골프연습장이 보인다. 학생중앙군사학교도 여기에 있다. 학군단에 들어가면 동계군사훈련을 여기에서 받는다. 문무대라고 불리는 곳이다. 길을 끝까지 올라가면 위병소가 보인다. 이곳을 통과하여 부대 안으로 들어가 보면 종합행정학교와 육군정보학교 어학

처가 있다.

이곳은 옛날부터 왠지 분위기가 허름했다. 안에 시설들도 남루했다. 내가 이곳에서 근무한 시기는 2007년도였지만 분위기는 1980년대 느낌이었다. 곧 개발이 된다고 폐허처럼 지냈다. 거주하던 사람들이 이사를 가니 몇 년간은 거의 유령도시 같았다. 군부대도 마찬가지로 오래된 시설을 새로 개발하지 않았다. 이곳이 개발된 것은 2008년도 정부 부동산정책의 일환으로 위례신도시 택지개발사업이 시작된 이후부터이다.

오래전부터 남성대 지역에는 많은 군부대들이 밀집되어 있었다. 육군특수전사령부와 육군정보학교, 육군종합행정학교 등 다수의 군부대 시설이 주둔하고 있었다. 그런데 서울시 입장에서는 더 이상 개발할 수 있는 곳이 없는 상황에서 군부대 땅인 이곳이 최고의 노른자위 땅이었다. 그래서 국가시책으로 위례신도시 사업이 추진되었다. 군부대는 타 지역으로 이전하고 그 자리에 새로운 신도시를 건설하는 사업으로, 이전한 군부대는 새로운 시설로 보상을 해주었다.

이렇게 탄생한 위례신도시는 원래 군인의 터전이었다. 이제는 엄청난 아파트 숲으로 변했지만, 위례신도시는 '군인의 낙원'이다. 부지 보상으로 제공받은 시설이 많다. 일단 위례에 1,500세대 규모의 대규모 군인관사가 있다. 30평형대 아파트로 최신식 시설을 갖추고 있다. 민간 건설사가 '위례 스타힐스'라고 브랜드 이름까지 붙인 관사이다. 내부 인테리어도 좋고 실내 에어컨까지 설비되어 있다. 단지에는 골프연습장과 어린이집, 작은 도서관까지 잘 구비되어 있다. 이 아파트 입주식은 국방부 차관님을 비롯한 주요 고위직 인사들과 송파구청장님까지 참석한 대형 행사로 치러졌다.

사실 이런 성대한 행사를 연 배경이 있었다. 이곳 위례신도시 지역의 아파트 분양가는 당시로서도 매우 비싼 6억대였다. 하지만 서울 지역의 마지막 신도시라는 프리미엄에 많은 사람들이 청약을 신청하였다. 그런데 군인관사가 들어선다고 하니 일반인에게 좋지 않은 소문이 난 것이다. 군인아파트를 보고 군 임대아파트라고 부르며 계층을 구분하였단다. 그리고 학교에서는 군 임대아파트 사는 친구들이랑 같이 놀지 말라고도 했단다. 위례의 한 유명 초등학교에서는 군인 자녀들의 입주로 인해 일반 입주하는 아이들이 학교에 입학하지 못하는 사태가 벌어지기도 했다. 그러자 일반인들의 민원이 쏟아지기 시작했고 군인아파트를 혐오시설처럼 바라보았다. 국방부는 이러한 상황을 매우 우려하였다. 군인들의 프라이드에 손을 대선 안 되기 때문이다. 군인아파트는 분명히 국가기간시설이다. 국가를 위해 봉사하는 군인들의 주거를 위해 만든 시설이지만, 국가가 존립하기 위해 반드시 있어야 하는 시설이기도 하다. 그래서 일반 아파트에서는 할 수 없는, 국가 고위직 공무원과 지방자치단체장 주관으로 하는 준국가급 행사를 주최한 것이다. 이를 통해 위례 스타힐스는 명백히 군인관사이며 군인의 품격이 바로 국가의 품격이라는 것을 널리 알렸다. 그 이후부터는 위례 군인아파트에 대한 민원이 많이 줄어들었다고 한다.

위례 스타힐스는 수도권 남부권에서 근무하는 군인들의 주거지원에 최적화된 숙소이다. 서울과 성남, 분당, 그리고 일부는 안양 등지에서 근무하는 군인들이 위례 스타힐스에 배정이 된다. 1,500세대의 대단지급으로, 군인아파트치고 매우 규모가 크다. 단독 아파트로는 군 최고 규모이다.

위례에는 유명한 군인 호텔도 있다. 바로 밀리토피아호텔이다. 4성급 호텔로서, 이 역시 군에서 운영하는 호텔로는 최고의 등급이다. 밀리토피아호텔은 군인에게 최적화된 호텔로, 매우 저렴하게 숙박이나 결혼식 등 행사를 지원해 준다. 밀리토피아호텔 옆에는 위례스포츠센터가 지하에 위치해 있다. 여기에는 수영장과 헬스장, 골프연습장이 복합적으로 모여 있다. 인근 위례 스타힐스에서 거주하는 군인과 군인 가족은 여기에서 휘트니스 서비스를 받을 수 있다.

또 위례를 군인들의 유토피아, '밀리토피아'로 만들어 주는 곳은 바로 골프장과 골프연습장들이다. 사실 골프는 매우 럭셔리한 운동으로 인식되기도 하지만 군인에게는 매우 친숙한 운동이다. 군인 골프장은 전투대기를 하면서 근무지를 벗어날 수 없는 군인들을 위해 처음 만들어졌다. 그래서 전투대기를 하는 공군 비행장 등의 군인들은 저렴하게 골프를 접할 수가 있었다. 위례에는 수도권에서 보기 드문 400석 규모의 대규모 골프연습장이 있어서 편안하고 저렴하게 골프 연습을 할 수 있다. 그리고 미군부대 성남골프장이 국방부 골프장이 될 것이라는 소문도 돌고 있다.

위례에는 군인 자녀 기숙사인 송파학사도 있다. 전국에서 근무하는 군인들의 자녀 중에서 수도권에 위치한 대학에 다니는 자녀들을 위한 기숙사이다. 넓고 깨끗한 공부방에 개인 샤워실과 화장실까지 갖춘 프리미엄급 기숙사로 지어졌다.

위례는 군인의 낙원이다. 서울 강남이 가까운 수도권 신도시에 대규모 주거시설과 군인호텔, 종합 휘트니스 시설, 골프연습장, 골프장까지 갖추고 있기 때문이다. 과거 여기에서 근무하던 선배 군인들이 열악한 시설에서 고생을 한 덕분에 후배들이 좋은 시설과 좋은 환경에서 지낼 수 있는 것 같다.

사실 이곳 송파 지역은 병자호란을 겪고 인조가 항복하는 의식으로 삼배구고두를 치른 장소인 삼전도가 있는 곳이다. 군인으로서 나라를 지키지 못한 매우 굴욕적인 장소다. 이곳에서 많은 군인들이 나라를 굳건히 지키는 국방의 정신을 되새기고, 더 좋은 환경 속에서 본연의 임무에 집중할 수 있기를 기대한다.

군인아파트계의 타워팰리스

좋은 아파트의 조건은 무엇일까?

먼저 아파트의 위치가 중요하다. 교통편이 좋아야 한다. 직장이나 학교까지 대중교통으로 이동이 편리해야 한다. 대한민국에서 좋은 직장은 다들 강남에 있으니 강남까지 접근성이 좋으면 더욱 좋겠다. 지하철도 편리해야 하고 가급적 갈아타는 일 없이 바로 이동하면 금상첨화일 것 같다. 서울역이나 용산역이 가까워야 한다. 지방까지 출장이나 여행도 해야 하기 때문이다.

일단 역세권이어야 할 것 같다. 지하철역까지 도보로 이동해야 좋다. 그리고 스세권이었으면 한다. 스타벅스를 걸어서 갈 수 있는 거리에 아파트가 있어야 한다. 그래야 나는 우아하게 집 앞을 산책하면서 스타벅스 커피를 마실 수 있으니까. 집 근처에 5성급 고급 호텔도 하나 있어야 한다. 손님이 오면 그 호텔에 예약도 해줄 수 있고, 호텔에서 먹는 조식 뷔페도 한번씩 가야 하기 때문이다. 그리고 호텔에 있는 카페도 분위기가 참 좋다. 좋은 그림도 많고, 아무래도 거기서 커피를 한잔하면 나의 수준이 상류층으로 올라가는 느낌이다. 아파트의 뷰도 중요하다. 서울에서 한강을 조망할 수 있는 아파트에 한번 살아 봐야 하지 않겠나.

두 번째는 집 상태가 좋아야 한다. 일단 국민평수인 30평대가 좋을 것 같다. 4인 가족이 살기에도 적합하고, 또 나중에 팔기에도 좋다. 평수가 크면 의외로 잘 팔리지가 않는다. 물론 20평형도 좋지만 요즘 인식으로 볼 때는 조금 좁은 감이 있다. 30평이지만 거실에는 발코니 확장이 되어 있었으면 한다. 거실은 좀 넓은 것이 시원하다. 거실에 앉아서 70인치 대형 TV도 보고 쇼파에서 책도 보려면 좀 넓은 거실이 좋겠다. 내부 인테리어도 뒤떨어지면 안 된다. 감각 있는 실크 벽지에 거실 바닥은 나무의 원목 느낌이 내추럴하게 풍겨 나와야 한다. 밤에는 전체적으로 조명이 분위기 있게 은은해야 하고, 낮에는 햇살이 밝게 들어와야 한다. 그래야 나의 화분과 화초들을 잘 키울 수 있다.

세 번째는 주변 편의시설이다. 먼저 주위에 초등학교와 중학교, 고등학교가 모두 있어야 한다. 아이들이 안전하게 걸어서 이동할 수 있도록. 그리고 쇼핑할 수 있는 큰 대형마트도 있어야 한다. 대형마트에는 문화센터도 갖추어져 있어 언제든지 문화생활을 할 수 있으면 좋겠다. 아! 병원도 있어야 된다. 그것도 24시간 응급실이 있는 병원으로. 나와 내 가족의 생명은 소중하기 때문이다. 집에서 차로 10분 거리에 응급실이 있는 병원이 1~2개는 있어야 좋은 집이다.

이러한 좋은 집의 요건을 갖춘 아파트로는 어디가 있을까? 여러 좋은 곳이 많겠지만 나는 서울 강남에 위치한 타워팰리스를 가장 고급 아파트로 꼽는다. 그럼, 군인아파트 중에서 타워팰리스는 어디일까?

최근에 지은 군인아파트도 많다. 좋은 시설을 갖추고 좋은 위치에 있는 관사도 많다. 사실 총장님의 공관이 가장 멋있어 보이기도 한다. 넓은 마당과 고급 자재로 지은 단독주택이기 때문이다. 하지만 요즘 세대는 아파트를 더 좋아한다. 수직적으로 확장된 공간 속에서 많은 사람들이 살아가면서 다양한 편의시설을 갖추고 교통도 편리한 곳. 그래서 아파트 중에서 한번 찾아보았다.

군인아파트의 타워팰리스는, 단연 용산 푸르지오 파크타운이다. 일단 위치가 끝내준다. 서울의 한복판, 용산에 위치하고 있다. 반포대교 바로 앞에 있어 한강을 조망할 수 있다. 강남과도 가깝다. 반포대교 건너면 바로 서초동이다. 버스로 10분 내 강남으로 접근이 가능하다. 지하철역도 가깝다. 녹사평역까지 걸어서 15분이면 도달한다. 서빙고역까지는 걸어서 7분이면 된다. 이태원도 바로 옆에 있어서 다양한 문화를 접할 수도 있다. 남산까지도 차로 10분이면 도착할 수 있다.

푸르지오 아파트는 주변에 대사관이 많기로 유명하다. 1단지에서 바라보면 루마니아 대사관과 카자흐스탄 대사관, 이란 대사관, 투르크메니스탄 대사관이 보인다. 그리고 찻길을 따라 걸어가면 모로코 대사관과 나이지리아 대사관도 만날 수 있다. 그래서 대사관에서 근무하는 외국인들도 많이 보게 되고, 해당 국기를 단 외교 차량넘버를 부착한 고급 승용차들도 자주 접하게 된다.

아파트에서 10분 정도 걸어가면 몬드리안호텔이 나온다. 별 5개짜리 최고급 호텔이다. 여기에서 호캉스를 즐길 수도 있고 호텔 조식 뷔페와 호텔 커피를 만끽할 수도 있다. 그 옆에는 스타벅스도 있다. 서울에서 보기 드문 주차장이 마련된 2층짜리 스타벅스다. 일단 역세권,

호세권이면서 스세권이다.

용산역까지도 접근성이 좋다. 버스로 20분 만에 갈 수 있다. 직장까지의 접근성도 좋다. 국방부까지 차로 10분이면 도착한다. 아침 출근 시간에는 출근버스가 아파트 단지 앞에서 대기하고 있어서 시간에 맞게 탑승하면 10분 내로 직장까지 순간이동이 가능하다.

이 아파트는 한강 뷰도 즐길 수 있다. 푸르지오 파크타운 2단지의 203동에서 206동까지는 모두 한강 뷰이다. 다만 층수가 7층 이상이어야 충분한 뷰가 보장된다. 7층 이하의 낮은 층은 한강을 바라보지만 수풀 뷰이다. 아파트 앞에 키 큰 가로수들이 빽빽하다. 10층 이상이면 최고의 한강 야경을 저녁마다 즐길 수 있다. 강변북로의 차 불빛도 아름답게 바라볼 수 있고 서울 불꽃놀이 축제는 집 안 거실에서 맥주를 한잔하면서 즐길 수 있다.

푸르지오 파크타운은 BTL 아파트이기 때문에 내부 시설도 고급지다. 30평 내부는 거실까지 발코니 확장이 되어 있다. 거실 바닥은 원목으로 고급스럽게 마감되어 있으며 천장에는 간접조명이 은은하게 불을 밝힌다. 사실 푸르지오 파크타운 아파트는 2011년도부터 입주하였기 때문에 벌써 10년이 넘었다. 그래도 좋은 아파트 상태를 유지하고 있다.

편의시설도 좋다. 아파트 단지에서 걸어서 10분이면 한강중학교와 서빙고초등학교가 있다. 학생들의 안전 때문인지 왕복 8차로 녹사평대로 위에는 육교가 설치되어 안전하게 등하교가 가능하다. 보광동 방향으로 걸어서 15분 정도 가면 오산중학교와 오산고등학교가 있다.

대형마트는 주로 용산역에 위치한 이마트를 이용한다. 차량으로 15분 정도 걸리지만 아이파크몰도 이용할 수 있고, 무료 주차 시간도 많이 나오는 편이다. 특히 아이파크몰 맛집에서는 다양한 외국 음식들을 한 장소에서 먹어 볼 수 있다. 금요일 저녁이나 주말에 아이파크몰 맛집에서 저녁을 먹고 용산 CGV에서 영화를 보면 최고의 가성비를 누릴 수 있다. 또 푸르지오 아파트 내에는 대형마트는 아니지만 더 강력한 마트가 입점해 있다. 바로 PX, 충성마트이다. 대형마트보다 저렴한 가격으로 생필품 구매가 가능하니 평일에도 사람이 엄청나게 붐빈다.

문화생활도 편리하다. 국립중앙박물관과 전쟁기념관이 지척이다. 녹사평역에서 두 정거장 가면 한강진역에 블루스퀘어가 있어서 뮤지컬도 마음껏 볼 수 있다. 남산 서울타워도 가깝다. 경복궁 국립민속박물관이나 청와대 관람을 하고 싶다면 버스로 30~40분 거리로 이동이 가능하다.

병원은 서울성모병원이 4km 정도 떨어져 있으며 순천향대학교병원이 3km 떨어져 있다. 다만 원체 교통이 많이 밀리는 곳이라 거리는 가깝지만 차량으로 이동하면 시간이 더 걸린다. 밤이나 심야에는 금방 도착할 수 있기는 하다.

아파트의 브랜드도 중요하다. 브랜드가 있는 고급 아파트는 주변보다 시세가 20% 이상 더 높다는 연구도 있다. 아파트 브랜드에 따라 아파트 내부 자재와 분위기, 조경 등이 더 좋아진다. 각종 편의시설도 더 많이 몰리기도 한다. 푸르지오 파크타운은 군인아파트이지만 메이저 건설사 브랜드인 푸르지오의 이름을 걸고 있다.

이렇게 좋은 군인아파트가 서울에 있으니 서울 근무는 인기가 매우 높다. 국방부나 합참에서 근무를 하면 푸르지오 파크타운 아파트를 배정받을 수 있다. 원체 인기가 많아 대기도 매우 길다. 입주를 하려면 대기 순위에 놓고 4~5개월은 기다려야 할 정도이다. 군인아파트계의 타워팰리스라 할 만하다.

더 나은 삶을 위한 군인과 군인 가족들의 꿈!

군관사는 더 나은 삶을 위한 사다리다.
현재는 힘들고 낡고 투박하기만 하다.
미래는 보이지 않는다.
하지만 현재와 미래를 연결해 주는 사다리!

지금은 비루한 15평 낡은 아파트이지만,
여기서 참고 견디고 올라가면 나중에는 더 나은 삶이 기다리고 있으리라는 꿈!
그런 꿈으로 하루하루를 살아간다.

4

원사가 부자인가요? 장군이 부자인가요?

직업군인의 꿈,
군인 가족의 꿈

직업군인들의 꿈은 무엇일까? 주변의 군인 동료들과 선후배들에게 물어보았다.

"당연히 진급해서 더 높은 계급으로 올라가는 거지."

"꿈이요? 진급하는 거요."

"군인의 꿈? 장군으로 진급해서 국가에 충성하는 거지."

대부분의 군인들은 진급하는 것을 꿈으로 여기고 있었다. 그러니 진급 시즌이 되면 누가 장군이 되었는지 궁금해서 현충원의 호국영령들도 난리가 난다고 하지 않나. 진급하는 것은 아마 직업군인으로 성공하는 유일한 목표일 것이다. 직업군인으로서 더 높은 계급에 올라 국가를 위해 더 많은 일을 하고 싶어 하는 것이다.

그리고 계급이 올라가면 봉급도 더 많이 받을 것이고, 더 많은 존경을 받을 것으로 생각한다. 자연스럽게 더 좋은 삶, 더 안정적인 삶이 기다리고 있을 것으로 기대한다. 계급이 올라가면 생활여건도 좋아지고, 가족 간의 사랑과 화목은 모두 동시에 이루어질 것으로 상상하는 것이다. 하지만 더 높은 계급이 되면 더 나은 삶, 더 안정적인 삶이 저절로 따라올 수 있을까?

나 역시 직업군인 출신이다. 그래서 직업군인으로 성공을 한다는 것에 대해서도 많은 고민을 해보았다. 일반적으로 장교로 임관하였다면 대령이나 장군이 되어 스포트라이트를 한 몸에 받고, 국가를 위해 이 한 몸 헌신하는 것을 꿈꿀 것이다. 나도 그런 삶을 바라고 사관학교에 입학하고 지금까지 성실히 직업군인 생활을 하였다고 자부한다. 하지만, 우리가 서 있는 군대라는 곳은 속성상 철저한 계층사회(피라미드)이기 때문에 높은 계급의 자리는 매우 한정되어 있다. 대부분의 군인들은 장군은커녕 대령이나 중령도 되지 못하고 중간에 전역하여 사회로 나가는 경우가 많다. 심지어 장기복무도 되기 힘들다. 뜻은 있으나 군대에서 받아 주지 않는 사례가 심심치 않다. 이것이 현실이다.

특히 준사관이나 부사관들은 처음부터 대령이나 장군이 될 수 없다. 그럼 준사관이나 부사관은 직업군인으로 성공할 수 없는 것인가? 나는 이것은 아니라고 생각한다. 주변의 부사관들에게 군인 생활의 꿈이 무엇인지 물어보았다. 그들의 대답은 장교들의 대답과는 조금 달랐다.

"30년 원사로 잘 마무리해서 군인연금 받는 겁니다."

"아내와 맞벌이해서 집 한 채 사고 안정되게 사는 것입니다."

부사관들의 경우가 더 현실적이었다. 군인의 장점인 안정된 생활에 더 초점을 맞춘다. 명예보다는 실리를 추구하는 것 같다.

20여 년 이상의 직업군인 생활 동안 수많은 군인들을 만나 보았다. 또 운 좋게도 해외에서 근무하는 기회도 받아서 말레이시아 지휘참모

대학과 아프가니스탄 파병, 미국 연수 등을 통해 해외 감각도 어느 정도 익혔다고 생각한다. 그리고 국방부 군인 주거정책 업무를 하게 되면서 군인들의 집 문제를 걱정하게 되었다. 또 강원대학교 대학원에서 부동산학 박사 공부를 하면서 부동산에 대해서도 많은 깨달음을 갖게 되었다. 지금은 직업군인으로 성공한다는 것을 여러 종합적인 관점에서 바라보게 되었다.

장교, 부사관, 준사관을 모두 아우르는 직업군인이라는 큰 개념으로 볼 때 '직업군인으로 성공한다'는 것은 어떤 것일까? 매번 1차 진급을 하고 승승장구하여 각군 본부나 합참, 국방부에서 근무도 하고 잘나가는 것만이 성공하는 것일까? 물론 그렇게 잘나가는 군인들도 있지만, 실제로는 매우 드물다. 대부분의 직업군인은 전방이나 격오지에서 혹한기 훈련을 하고, 전투대기 점검을 받고, 유격행군을 하고, 당직근무를 서면서 국가를 위해 희생하고 있으며, 소위 잘나가는 1차 진급자보다는 3차, 4차, 심지어 5차, 6차까지 진급이 뒤처지는 늦깎이 직업군인들이 더 많다.

또 대령이 되고 장군이 되어 군에서는 성공한 사람이지만, 군 퇴직 이후에는 사회 준비를 제대로 하지 못하여 집 한 채 없거나 충분한 재산을 만들지 못해 고생하는 경우도 종종 보았다. 군에서야 계급이 높으면 대접을 받지만 사실 사회에서는 별 의미가 없다. 군인도 직업인이니만큼 가정경제를 위해서 저축을 하고 그것으로 집도 한 채 마련해야 한다. 이것은 계급의 고하와 상관없이 당연히 해야 하는 것이다.

직업군인의 성공에 대한 나의 주관적인 생각을 말해 보겠다. 현직에 있을 때는 군인이라는 자긍심과 나라를 위해 일한다는 보람을 가져야 한다. 그리고 군인에게 주어지는 혜택을 충분히 누리다가 집 한 채 마련하고, 퇴직 이후 경제적으로 여유 있는 중산층 이상의 삶을 사는 것이 직업군인으로 성공하는 것이라고 생각한다. 그것이 나를 믿고 평생을 군인 가족으로 고생한 나의 배우자와 자녀들에게 보람과 행복을 가져다주는 것이기 때문이다.

군인 가족들이 한 번도 살아 본 적 없는 전방 오지에서 남편 하나 믿고 고생을 마다하지 않는 이유가 무엇일까? 그건 아마도 꿈이 있어서일 것이다. 미래에는 더 나은 삶, 더 안정되고 안락한 삶을 누릴 수 있을 것이라는 꿈이다. 그렇기 때문에 군인 배우자가 군대에서 더 성공하고 성장하도록 지지하고 지원하는 것이다.

군인 가족들은 군인 배우자의 더 큰 꿈과 성공을 위해 스스로를 희생할 준비가 되어 있었다. 그래서 남편 하나 보고 강원도 인제, 양구, 철원 등 전방 오지로 가서 신혼살림을 꾸렸다. 매일 바쁜 남편을 대신해 살림을 도맡아 하고, 외롭고 힘들지만 그래도 꿋꿋하게 군인 가족으로 살아왔다. 이사도 얼마나 많이 하는가? 나도 20여 년 군생활 동안 10여 번 넘게 이사를 했다. 이사를 하면서 정들었던 이웃들과도 헤어져야 하고 자녀들은 친구들도 새로 사귀어야 한다. 이들은 이런 힘든 군인 가족으로의 삶을 살아가면서 미래의 더 나은 삶을 꿈꾼다. 지금은 허름한 15평 군인관사에서 신혼생활을 하지만, 좀 더 지나면 경제적으로 여유도 생기고 남편의 계급도 더 올라갈 것이다. 그러면서 더 안정적이고 더 윤택한 삶을 살 것이라고 기대한다. 군생활 잘하면서 자식들 잘 키우고 좋은 대학 보내고 좋은 직장에도 들어가길 바란다. 그리고 군에서 퇴직하면 집 한 채 마련해서 군인연금으로 부부가 남부럽지 않게 사는 것이 바로 군인 가족의 꿈이 아닐까?

이런 사랑스럽고 훌륭한 우리의 배우자들을 위해 우리는 무엇을 해야 하는가? 군생활을 하면서도 퇴직 이후 안정된 삶을 준비해야 한다. 그러면서 자연스럽게 내 집 한 채는 마련해야 한다. 하지만 직업군인으로서 경제생활에 대한 중요성은 누구나 공감하지만 어떻게 구체적으로 생활해야 하는지 알려 주는 선배들은 거의 없었다. 지금에야 깨닫게 된 것이지만 군 선배들도 대부분 경제생활에 있어서 안정적이지 못했기 때문에 그러지 않았을까 싶다.

직업군인으로 성실하게 생활하고 국가를 위해 봉사하지만, 나와 내 가족을 위해 집 한 채는 마련하자! 그리고 직업군인으로 인생의 방향과 전략을 정하고 가급적 빨리 배우자를 구하고 본격적으로 인생을 시작하는 것이 바람직하다. 그리고 가정생활을 하면서도 알뜰하게 살면서 낭비하지 않아야 한다. 국민의 세금에서 나오는 우리의 봉급을 낭비하지 않아야 하고, 우리에게 주어진 시간을 허투루 쓰지 않아야 한다. 그러면서 명예롭게 군에서 퇴직하고 인생의 후반전을 안정적으로 다시 시작하자.

군대 퇴직해도 군인관사 주나요?

강만호 대령은 어제부로 군에서 퇴직을 하였다. 대체로 정년 퇴역을 한 군인들은 취업이 어렵다. 나이도 많고 군인으로 높은 직위에 있었기 때문에 채용하는 입장에서도 부담스러운 측면이 있어서다. 하지만 강 대령은 운이 좋았다. 서울에 있는 한 중견 건설회사에 고문으로 취직을 하게 되었다.

여기까지는 너무 좋다. 그런데 문제는 서울에서 집을 구하기가 어렵다는 것이었다. 태어나서 처음 공인중개사를 방문한 강 대령은 말문이 막혔다.

"뭐? 아파트 전세가 8억이라고? 미쳤구먼!!!"

젊어서 미리미리 돈도 모으고 집도 사야 하는데, 대령 진급한다고 앞만 보고 달렸더니 그것을 하지 못했다.

"아니, 내가 군인공제회로 평생 모은 돈이 3억인데, 퇴직금 조금 합쳐 봐야 4억이 안 돼."

"여보, 그게 무슨 자랑이야? 우리 군생활 30년 고생해서 헛살았어."

공인중개사를 다녀와서 경제적으로 너무 무기력함을 느낀 부부는 집에 들어와서 한바탕 싸웠다.

"아니, 나는 군생활만 열심히 했지, 집에 있는 당신이 돈을 모으고 살림을 잘해야지. 지금껏 뭐 한 거야!"

"뭐라고? 나는 뭐 그냥 놀았어?"

"그래! 안 놀았으면 이러면 안 되지!"

"평생 혼자서 이사해, 자식 낳아 길러, 전방까지 당신 따라가서 생고생을 했는데, 뭐라고? 지금껏 뭐 했냐고?"

평생을 대령 사모님으로 존경받고 살아온 그의 아내는 흐느끼고 있다. 그의 아내 말이 틀린 것이 하나 없다. 24살 꽃다운 나이에 강만호 하나 보고 군인과 결혼했다. 그리고 15평 군인관사에서 신혼살림을 하고 아들, 딸 하나씩 낳고 지금껏 군인 가족으로 내조를 다했다. 그런데 남편에게 지금껏 뭐 했냐는 이야기를 들으니 화가 나서 견딜 수가 없다.

사실 강만호 대령도 틀린 말이 아니다. 아무것도 없이 결혼생활을 시작했지만 그래도 30년 동안 정말 열심히 살았다. 그는 술담배를 하지도 않았고 다른 것에 한눈판 적 없이 열심히 주어진 임무에 최선을 다했다. 그래서 소령, 중령 모두 1차 진급을 한 것이 아닌가! 성실히 근무했다고 배우자와 함께 군에서 보내 주는 유럽 순방도 9박 10일 다녀오기도 하였다. 그때는 얼마나 좋았던가! 이 세상을 다 가진 듯한 기분이었다. 그래서 직업군인을 선택한 것이 정말 잘했다고 생각했다. 없는 살림에 그래도 매달 50만 원씩 군인공제회 저축도 했다. 그렇게 30년 넘게 성실하게 살아왔다. 그런데도 서울에 내가 살 집이 없다니! 그것도 전세를 살 돈도 안 된다니! 이건 정말 말이 안 된다.

하지만 이것은 사실이다. 서울에 집 한 채 사기가 쉬운 일인가? 20~30년 전에 집값이 쌀 때 미리 사놨어야 하는 건데 참으로 안타깝다. 그때는 정신없이 군생활한다고 집 살 생각조차 못했다. 결국 여기저기 알아보다 강만호 대령은 서울에서 150만 원을 내고 월세를 살고 있다. 큰돈을 마련할 형편이 안 된 것이다.

아직 군인의 때를 못 벗은 탓인지 강 대령은 자신에게 집을 지원해 주지 않은 것에 대해 불만이 가득하다.

"아니! 나라를 위해 평생을 바친 군인들이 퇴직을 해도 집을 구해 줘야지! 군인이 돈이 있어? 뭐가 있어?"

나라를 위해 평생을 바친 것은 충분히 이해가 된다. 하지만 본인이 무엇을 위해 평생을 살아왔는지 잘 생각해 보자. 단순히 진급을 위해서인가, 아니면 가족의 꿈을 위해서인가? 진급을 위해 살았다면 대령까지 진급을 했으니 된 것이 아닌가? 그런데 가족의 꿈을 위해 살았다면, 그 꿈을 위해 무언가를 더 했어야 한다. 집을 마련하기 위해 충분한 돈을 모으고, 주택 마련을 위해 관심도 가져야 한다. 이것을 못 하고 나라를 탓하면 안 된다. 사실 이런 종류의 이야기는 흔한 편이다. 또 다른 에피소드가 있다.

박주혁 중령은 다음 해 퇴직을 해야 한다. 지금 직업보도반 교육 중이다. 퇴직할 때가 다 되어 가는데 결혼을 늦게 해서 그런지 둘째 딸이 아직 고등학교 2학년이다. 내년에는 고 3인데 걱정이 이만저만이 아니다. 퇴직을 하면 지금 살고 있는 군인관사에서 2개월 이내에 집을 비워야 한다. 그런데 딸이 아직 고 3이니까 한창 대입 준비를 하고 있다. 어디 다른 데 전학 가기도 참으로 애매하다. 그렇다고 지금 다니는 학교 주변에 집을 구하려니 전세가 7~8억이다. 참고로 여기도 서울이다. 그래서 박 중령은 국방부에 문의를 했다.

"(박 중령) 현역도 고 3이면 관사를 안 비워 줘도 되는데, 왜 전역을 하면 집을 비워 줘야 합니까?"

"(국방부) 네, 현재 규정상 전역을 하면 1개월 이내로 집을 비워 줘야 합니다."

"(박 중령) 아니죠, 군인의 전투력 발휘를 위해 전역을 해도 당분간은 관사를 줘야 합니다."

자주 옮겨 다니고 군관사를 지원받는 직업군인 특성상, 퇴직 이후 집이 없어서 고생하시는 분들이 꽤 많다. 퇴직장군인데 집이 없어 아직도 전세에 사는 분도 있고, 대령으로 퇴직하였는데 자녀교육에 너무 무리한 나머지 모아 놓은 돈이 부족하여 월세를 사는 분도 많다. 이런 모습을 보면서 나는 군생활 이후의 제2의 인생을 제대로 준비해야겠다는 생각이 들었다. 특히 집을 빨리 마련해야 하겠다는 생각을 하였다. 또 군대에서 퇴직하고 민간사회로 나간 다음에는 철저한 자본주의 세계에 발을 딛고 살아야 하기 때문에 자본주의와 민간사회에 관해서도 이해해야 하고, 군대계급을 내려놓아야 한다는 것도 깨달았다.

직업군인의 퇴직 이후 생활에 문제가 생기고 있다. 공식적으로 관심을 안 가져서 그렇지 군 제대하고 경제적으로 어려운 퇴직군인 이야기는 굉장히 많다. 민간사회나 경제를 잘 모르고 군대 울타리 내에서만 지내며 반평생을 보내는 직업군인 입장에서, 오랜 시간을 군부대에서 훈련이나 부대관리에만 관심을 가지다 퇴직하여 사회로 나가면 경제생활에 문제가 나타나는 것은 당연한 이야기일 것이다.

직업군인의 주택 구입이나 경제생활은 개인적인 영역이다. 정보가 많고 개인기가 뛰어난 군인들은 미리미리 잘 준비하고 있다. 반면 정보도 없고 세상 돌아가는 것도 모르는 군인들은 준비가 안 되어 있다. 경제적으로도 잘 준비된 군인들은 배우자가 재테크 마인드가 있거나, 혹은 근무하는 도중에 우연히 재테크에 개념 있는 군대 동기 등을 통해 집을 사거나 투자를 하면서 성공하는 경우가 많았다.

군대 생활만 열심히 해서는 성공한 직업군인 경제생활을 영위할 수 없다. 직업군인의 경제적 성공 가능성에서 중요한 것은 얼마나 양질의 경제 정보를 얻고, 그것을 통해 경제생활에 눈을 뜨느냐다. 특히 군 생활을 시작하는 초임간부 시절부터 잘 준비하도록 인생의 전략을 잘 짜야 한다. 왜냐하면 주택이라는 것은 금방 살 수 있는 것이 아니고 평생에 걸쳐 돈을 모으고 마지막에는 대출까지 추가하여 겨우 살 수 있는 고가의 품목이기 때문이다. 직업생활 전체 기간 동안 아끼고 모아야 종잣돈을 마련할 수 있는 것이기 때문에, 가급적 초급간부 때부터 경제생활의 개념을 익히며 돈을 아껴 쓰고 경제 공부를 해야 한다.

군인관사가 주는 안정감이 있다. 군인이면 무상으로 제공된다. 약간의 보증금은 내지만 최대가 1,500만 원 정도이고, 이것도 나중에 퇴거하면 다시 돌려받는다. 그러다 보니 관사를 이용하면 서울 같은 대도시에 쉽게 진입할 수 있다. 서울에도 국방부나 합동참모본부, 혹은 다수의 국방부 직할부대 등이 있다 보니 많은 군인관사가 있다. 그래서 군인 남편이 서울에 근무하러 오는 순간, 군인 가족은 서울 생활을 비교적 쉽게 시작할 수 있다. 하지만 문제는 군인관사의 안정감으로 인해 퇴직 준비를 제대로 하지 못하는 것이다.

군인관사는 퇴직자들이 사용하는 것이 아니다. 나라에서 현직에 있는 사람을 위해 주는 것이다. 사실 군인이기 때문에 무조건적으로 제공하는 것도 아니다. 예전에 중앙에서 내려오는 관리를 위해 관사를 주었던 것처럼 비연고지 근무자를 위해 주는 것이 군관사이다. 중앙의 관리들도 부임기간이 끝나면 관사를 비워서 다음 근무자를 배려하였다. 퇴직 이후에는 관사를 비워 줘야 함을 명확히 인지해야 한다.

군인의 꿈에 악영향을 주는 것, 연금과 군인관사

이현영 중령은 육군 출신 보병장교로 이제 퇴직을 1년 남겨 놓고 있다. 20대 꽃다운 청춘으로 군입대를 했는데 이제 그의 나이 어언 52세이다. 원래부터 성실하고 체력이 강한 그는 소위 시절부터 특전사에서 근무하였다. 정말 열심히 군생활을 하면서 중령까지 승승장구하였지만 안타깝게도 대령 진급은 실패하고 말았다. 하지만 거기에서 군생활을 포기하지 않고 그 이후에도 최대한 성실하게 군생활을 하였다. 후배들에게 본보기가 될 정도로 좋은 선배의 모습을 보이고 있다.

하지만 문제는 퇴직이 코앞인데 아직까지 자기 집이 없다는 것이다. 이제 퇴직을 하는데 노후를 보낼 집이 없다는 생각에 이현영 중령은 스스로 화가 나서 밤에 잠을 못 잘 지경이다. 오늘도 사무실에서 한숨만 푹푹 쉰다.

"(후배) 아니, 선배님. 자꾸 한숨을 쉬세요? 무슨 걱정 있으세요?"

보다 못한 후배 하나가 묻는다.

"(이 중령) 이제 내년에 제대를 하는데 30년 군생활하면서 집 하나 안 사놨다. 그게 화가 나서.”

“(후배) 이제 슬슬 집 사시면 되잖아요?”

“(이 중령) 아냐, 갑자기 사려니 집값이 너무 비싸서 못 사겠어. 또 어디에 정착할 건지 계획도 아직 없고.”

“(이 중령) 후배야, 너는 군생활 너무 열심히 하지 마라.”

“(후배) 저는 아직 중령도 진급 못 했는데요?”

이현영 중령은 왜 열심히만 하면 안 되는지 이야기를 시작한다.

일단 열심히 군생활한 결과를 보자. 이 중령의 현재 모습이다. 열심히 주변에서 하라는 대로만 했는데, 그 결과가 대령 진급도 못 하고 집도 없다. 이 중령은 군대에서 하라는 대로만 했다고 항변한다. 열심히 근무하라고 해서 그렇게 했고, 군관사에 들어가라고 해서 들어갔고, 자기 집 있으면 군관사 못 들어간다고 해서 자기 집 안 산 것이다. 어찌 보면 모두 맞는 소리다.

퇴직 이후 안정적으로 살겠다는 군인의 꿈에 악영향을 주는 요인이 두 가지 있다. 첫 번째가 군인관사이고 두 번째가 군인연금이다.

군인관사에 살려면 자기 집이 있으면 안 된다. 본인 집에 살면 되니까 관사를 줄 필요가 없다는 규정이다. 하지만 이 규정 때문에 전반적으로 군인들의 자가 보유 비율은 매우 낮은 편이다. 그래서 요즘에는 규정에 변화가 생겼다. 자기 집이 있더라도 임대를 줘서 입주하지 못하는 상황에는 군인관사를 제공받을 수 있다. 이제는 군인관사 핑계를 대면서 집을 안 사는 경우는 많이 줄어들었다. 퇴직 이후에 자기 집에서 안정적으로 살려면 현직에 있을 때, 젊을 때 미리미리 집을 사놔야 한다.

군인의 꿈에 악영향을 주는 두 번째 요인은 군인연금이다. 직업군인들이 퇴직 후에 가장 믿고 있는 것은 아마도 군인연금일 것이다. 군생활하는 동안 매달 기여금(연금을 받고자 하는 사람들이 퇴직 전에 미리 내는 부담금)을 내고 퇴직 후에는 평생 연금을 받게 된다. 군인연금의 최대 강점은 퇴직 즉시 수령한다는 것이다. 군인연금은 군인이 퇴직하고 다음 달부터 받을 수 있다. 하지만 공무원연금은 65세 시점(2010년 이후 임용자부터)에 연금을 수령한다. 군인연금은 연금액도 가장 많다. 2019년을 기준으로 군인연금의 평균 연금 수령액은 월 272만 원이다. 공무원연금은 동일 연도를 기준으로 평균 연금 수령액이 월 237만 원이다. 동일한 근속연수를 가지고 있더라도 군인연금이 공무원연금에 비해 월 35만 원 더 많이 받는 것이다.

군인연금이 타 연금과 비교하면 많은 편이지만 군인의 직업 특성상 퇴직 후 재취업이 어렵다. 그래서 남들은 한창 돈을 많이 벌 40~50대에 퇴직을 하고 재취업을 하지 못한다. 그래서 군인연금으로만 생활을 하게 되는데, 그러기엔 금액이 적다. 또 군인연금이 수십 년 넘게 만성 적자 상태이며 정부의 세금으로 적자를 보전하고 있는데, 해마다 그 폭이 커지고 있다. 2020년 국회 예산정책처 자료에 의하면, 2019년도 군인연금 수입은 1조 8,073억 원이었으며 지출은 3조 3,646억 원으로 수입에서 지출을 뺀 군인연금 재정적자는 1조 5,573억 원이라고 한다. 이 재정적자를 국가가 세금으로 보전해 주고 있는데, 2015년 1조 3,565억 원에서 매년 약 3.7%씩 늘어나고 있는 추세라고 한다. 국회 예산정책처에서는 군인연금 재정적자가 2020년에는 1.7조 원, 2030년에는 2.5조 원에 달하고 2040년에는 3.4조 원에 이를 것으로 예측하였다.

군인연금은 연금액도 많은 편이고 연금 수령도 즉각 할 수 있어서 돈을 받는 군인 입장에서는 너무 바람직하고 좋은 제도이다. 하지만 문제는 구조적으로 계속 적자가 나고, 그 적자를 일반 국민의 세금으로 메꾸고 있다는 점이다. 그 돈도 몇 조가 넘는 어마어마한 돈이다. 결론적으로 군인연금은 조금씩 줄어들고 있다. 정부나 국방부에서는 아니라고 할지 모르지만, 알게 모르게 실질적인 연금 액수는 계속 줄어든다. 우리의 10년 전 선배님들이 받는 연금액과 지금 전역하는 분들이 받는 연금액에는 거의 50만 원의 차이가 있다. 연금 재정이 악화되니 조금씩 개혁이라고 하면서 받는 액수는 줄이고 내는 액수는 더 많게 하고 있는 것이다.

또 건강보험료를 통해 많은 돈을 세금으로 걷어 가고 있다. 과거에는 연금을 받으면서 근로소득이 있는 자녀의 피부양자로 등록을 해서 건강보험료를 내지 않았다. 그런데 2018년 7월 이후부터는 건강보험 개편이 이루어지면서 건강보험료 부담이 높아졌다. 특히 군인연금은 연금 중에서도 소득이 많은 편이라 30~50만 원 선의 꽤 많은 건보료를 낸다. 연금 외에는 소득도 없는데 지역가입자로 건보료를 많이 내니 과거보다 타격이 크다고 할 수 있다.

실제 군인연금을 받는 명세서를 한번 확인해 보자(2022년 기준).

첫 번째는 예비역 A소령의 연금명세서이다. 소령의 연령 정년이 45세이니 22년 군생활을 한 셈이다. 연금월액은 2,311,880원이며, 세금으로 70,210원을 제하고 실제로 받는 연금은 매월 2,241,670원이다.

두 번째는 예비역 B중령의 연금명세서이다. 이분은 30년간 근무를 하시고 53세에 퇴직을 하셨다. 연금액은 3,550,110원이고, 세금으로 108,360원이 빠지고 실제로 받는 돈은 3,441,750원이다.

연금으로 평생 220만 원에서 344만 원을 받는다는 것은 정말 대단한 것이다. 그런데 한창 일을 해서 최고 소득을 받아야 할 45세에서 53세에 이 돈만 받는 것이 문제이다. 군인연금이 타 공적연금에 비교하면 분명히 많은 돈이지만 요즘 생활물가가 워낙에 올라서 연금 200~300만 원으로는 온 가족이 생활하기 어렵다. 상대적으로 젊은 나이에 퇴직을 하는데 자녀들의 학비, 가족 생활비를 고려한다면 추가적인 근로소득이 있어야 한다. 그런데 전역군인들이 사회에 나가서 취직하기가 힘이 드는 것이 사실이다.

또 연금을 받으면서 근로소득이 있다면 근로소득의 액수에 따라 연금이 삭감되기도 한다. 소득심사 일부정지액이라는 것이 있다. 군인연금법 제27조 제3항에 의하면, 연금 외에 취직 등을 통해 근로자로 일해서 받는 소득의 액수를 고려하여 여기서 도시근로자의 평균 임금월액을 제한 다음 그 초과소득 구간별로 지급정지 공식에 따라 군인연금에서 감하도록 되어 있다. 2020년 기준으로 연소득이 6,000만 원 미만이라면 군인연금을 그대로 받으면서 근로소득을 받게 된다. 하지만 연소득이 6,100만 원부터는 군인연금에서 약간의 삭감이 생긴다. 연소득 6,100만 원의 경우 2020년 평균 임금월액에서 104원이 초과되기 때문에 매달 군인연금에서 10원이 깎인다. 이 정도는 애교로 봐줄 수 있다. 하지만 근로소득이 늘어나서 8,000만 원 정도가 되면 연금액에서 매달 30만 원 정도가 삭감이 된다.

군 퇴직 이후 안정된 생활을 하겠다는 꿈이 있는가? 그럼 군인연금과 군인관사에 대한 핑크빛 기대를 버려야 한다. 분명히 좋은 제도이고 든든한 지원이다. 하지만 여기에 너무 기대어 본인의 미래 준비를 소홀히 한다면 그 대가는 무시무시하다.

꿈을 이루는 첫 번째 사다리, 군인아파트

외롭고 힘들었다. 15평 허름한 군인관사에서 6명의 대가족이 함께 살았다. 신혼 첫 살림을 민통선 이북에서 살았었다. 하지만 아직 젊기에 군인과 군인 가족들은 청춘이라는 이름 하나로 그 모든 것을 이겨냈다. 그 모든 것을 이기게 해준 것은 바로 미래의 꿈이 아닐까 한다. 그 꿈은 무엇이었나? 지금보다 더 나은 삶이다. 퇴직 이후 안정된 가족의 생활이다. 더 편안하고 더 행복한 가족의 삶! 물론 지금보다 더 높은 계급도 꿈 중의 하나이다. 하지만 군 조직 특성상 모두 다 높은 계급으로 올라가지는 못한다.

군인들의 더 나은 삶을 위해 나라에서 군인아파트를 제공한다. 거금의 전세금이나 매달 내는 월세 부담이 없다. 수도권의 전세금은 4~5억이 넘고 서울은 7~8억이 넘는다. 월세를 내더라도 매월 100여만 원을 훌쩍 넘는 돈을 지불해야 한다. 하지만 군인아파트에서 살면 그런 돈을 부담하지 않아도 된다. 집에서 거주하기 위해 부담하는 전세나 월세 등의 비용을 주거비라고 한다. 일반적으로 주거비는 본인 소득의 30~40% 정도이다. 이 주거비가 수입의 50~60%까지 올라가면 문제가 된다. 하지만 군인은 이런 주거비가 상당 부분 세이브된다. 매달 수십만 원에서 수백만 원을 아낄 수 있는 것이다.

이런 비용을 저축을 해야 한다. 주거비를 내지 않는다고 여유 있게 외식비나 생활비로 사용하면 나중에 큰 문제가 된다. 분명히 월급은 많이 받았는데 30년이 지나 퇴직할 때가 되면 모아 놓은 돈이 없는 상황이 생긴다. 하지만 주거비를 아끼고 열심히 돈을 모은다면 나중에 퇴직할 때 집을 한 채 마련할 수 있다.

그때 여러분과 배우자가 서로 옛날 추억을 이야기할 것이다.

"우리 젊어서 엄청 고생했잖아. 그래도 그 고생해서 지금 우리 집에서 잘 살고 있는 것 같아."

"그래 맞아, 당신과 첫 신혼을 철원 전방 13평 관사에서 보냈지. 항상 미안하게 생각해."

"아니야, 그래도 그때는 젊어서 좋았었어."

"지금도 젊어."

"그래도 당신이 열심히 군생활해서 돈도 모으고 집도 샀잖아. 아직 집 못 산 친구들도 수두룩해."

"당신이 열심히 살림을 잘 살아서 집 산 거지."

"그때 군인관사가 너무 고마워. 관사 덕에 생활비도 줄이고 잘 살았지."

"당신 전국 팔도를 다 돌아다녔잖아. 그래도 나라에서 군인관사를 주니까 편하게 잘 지냈지."

군인관사는 사다리이다. 꿈을 이루게 하는 사다리이다. 그것을 잘 건너야 한다. 군인관사를 잘 이용해서 건너면 더 나은 삶에 이를 수 있다. 하지만 우리는 사다리를 통해 항상 올라가기만 하는 것은 아니다. 잘못하면 사다리에서 떨어질 수도 있다. 군인관사에서 살면서 과소비하고 잘못하여 재산을 탕진하면 더 나쁜 곳으로 떨어질 수 있다. 그러면 30년 이상 고생해서 한 군생활이 의미가 없어지게 된다. 고생한 군인 배우자가 불명예스럽게 된다.

군인관사를 사다리로 생각해야 한다. 사다리에서 평생 살 수는 없다. 언제까지고 그곳에서 살 것처럼 착각해선 안 된다. 군대에서 퇴직을 하면 사다리에서 올라가든지 내려가든지 둘 중의 하나를 해야 한다. 나는 군인과 군인 가족들이 올라갔으면 좋겠다. 자기가 직접 마련한 내 집으로 갈 수 있었으면 좋겠다.

그런데 군인관사의 안락함으로 인해 많은 군인들이 현실을 잊고 지낸다. 군인관사는 사다리일 뿐이다. 그리고 꿈을 이루는 사다리로 만드는 것은 당신의 몫이다.

꿈을 이루는 두 번째 사다리, 군인 주택지원정책

군인관사는 군생활 동안 집을 지원해 준다. 자주 이사하는 것에 대한 어려움을 해소해 준다. 하지만 군인관사는 꿈 자체는 아니다. 잠깐 사는 임대아파트라고 생각해야 한다. 지금 사는 관사가 좋은 관사라면 좋은 임대아파트에서 산다고 이해하면 된다. 퇴직하면 관사에서 나와야 한다. 자주 이동하는 나의 불편함을 도와주는 것, 그것만으로도 고마운 존재이다. 하지만 근본적으로 주거 문제를 해결해 주지는 못한다.

실제로 군인의 꿈인 주택 마련을 도와주는 것은 바로 두 번째 사다리이다. 실제 집을 마련하는 사다리는 군인 주택지원정책이다.

대한민국에서 집을 구입하는 방법은 두 가지이다. 누가 내놓은 집을 프리미엄(웃돈)을 붙여서 시세 가격으로 비싸게 구입하는 방법이 있고, 새로 지은 신축 주택을 청약을 통해 구입하는 방법이 있다. 시세 가격을 더 주고 비싸게 사는 것보다 상대적으로 저렴한 새 아파트를 구입하는 것이 현명한 방법이다. 주택 공급은 나라에서 통제를 한다.

국가나 지방자치단체, 토지주택공사(LH) 등 공공의 주택사업 주체가 건설하여 분양한다. 민간 건설사가 건설하여 분양하는 경우도 있다. 분양하는 방식은 청약이라는 제도를 통해 국가에서 통제하고 있다.

직업군인은 거주 이전의 자유가 없는 직업적 특성이 있기 때문에 국가에서 별도의 제도로 주택 공급을 하고 있다. 이 제도는 크게 군인공제회 공급, 특별공급, 일반공급 등의 세 가지로 나눌 수 있다. 이 세 가지 제도를 통해 군인은 주택 마련의 꿈을 이룰 수 있다.

군인공제회 공급은 국방부에서 직접 주택을 공급하는 형태이다. 군인의 복지를 위해 설립된 군인공제회라는 특수한 법인을 통해 국방부에서 간접적으로 군인에게 주택을 분양한다.

특별공급은 일반적으로 특공이라고 한다. 민간 건설사 혹은 공공주택사업에서 일반인 대상으로 분양을 할 때, 그중 일부를 군인을 포함한 사회적 배려 대상자에게 별도로 공급한다. 특공 중에서 군인 대상 특공이 있다. 일반적으로 군인 배당량은 공급물량의 2~3% 정도이다. 그리고 다른 특별공급 중에서도 다자녀나 신혼부부 등 조건만 맞는다면 군인들도 누구나 시도할 수 있다. 다자녀이거나 결혼한 지 7년이 넘지 않고 소득 요건에 부합된다면 군인도 이를 통해서 주택을 마련할 수 있다.

일반공급은 일반 국민을 대상으로 한 주택 공급 제도로서 우선공급과 특별공급을 제외한 일반적인 물량을 분양한다. 일반공급을 할 때 군인에게 몇 가지 혜택이 있다. 10년 이상 직업군인에게는 청약자격 우대(10년 이상 근무한 장기복무 군인은 거주지 요건을 완화)를 제공한다. 또 25년 이상 복무 군인에게는 수도권(투기과열지구 제외) 주택청약 시 해당 지역 거주자로 인정하는 제도가 있다(25년 이상 장기복무 군인의 수도권 청약자격 우대).

국가는 군인을 위해 주택을 구입하게 하도록 노력하고 있다. 세 가지 방법에는 각각 장단점이 있고 요건이 상이하기 때문에 본인의 나이와 계급, 근무지 등을 고려하여야 한다. ①군인공제회 공급과 ②군인 특별공급, ③일반분양 중 10년 이상 및 25년 이상 장기복무 군인 청약자격 우대 제도는 국가에서 제공해 주는 주택 마련 사다리이다.

군인공제회 분양은 국방부에서 직접 공급하는 방식이다. 특별공급처럼 4세대, 5세대 소량으로 공급하는 것이 아니라, 군인을 대상으로 900~1,000세대 수준으로 많은 물량이 공급된다. 더군다나 실거주 의무가 없다. 따라서 입주 후 전세나 월세로 임대를 줄 수 있다는 장점이 있다. 분양가격을 모두 마련할 필요가 없다. 그러니 자금이 부족한 젊은 군인들에게 유리하다. 실제로 주택 분양가격도 저렴하다. 실거주 의무가 없다 보니 입주 이후 주소지를 이동할 필요가 없다. 기존에 살고 있는 군인관사에서 계속 거주할 수 있다는 의미이다.

다만 주택을 건립할 택지 확보가 관건이다. 앞으로 인천 검단신도시, 파주 운정신도시(2차)가 준비 중이다.

군인공제회 분양은 30대 초중반의 군인에게 유리한 제도이다. 결혼하고 자녀가 2명 정도 있어야 점수가 높다. 분양을 받아서 임대를 주고 군인 본인은 군인관사에서 계속 살 수 있다.

군인 특별공급은 민간에서 주택을 분양할 때 군인을 대상으로 일부

물량을 내어 주는 것이다. 주어진 물량 내에서 국군복지단에서 점수제로 뽑아서 당첨자를 가린다. 다만 수량이 많지 않다. 전체 물량에서 2% 남짓 공급되다 보니 단지별로 3~4세대 정도만 군인에게 배당된다. 그러니 경쟁이 매우 치열하다.

특별공급은 실거주 의무가 있다. 그래서 당첨을 받아 입주를 하게 되면 주소지를 옮겨야 한다. 그러면 군인관사에서는 거주할 수 없다. 간부숙소에서 살아야 한다. 그리고 임대를 줄 수 없기 때문에 거금의 주택비용을 모두 마련해야 한다. 그러지 못하면 거액의 대출을 만들어야 한다. 이자도 만만치 않다. 전역이 10여 년 정도 남은 고참 군인들이 슬슬 퇴직을 준비하면서 시도하는 것이 좋다. 특히 서울이나 수도권에서는 인기가 매우 높다.

일반 특별공급은 군인이 아니라 일반 국민의 자격으로 특별공급을 받는 경우이다. 다자녀라든지 신혼부부가 이에 해당하며, 당해지역에 거주해야 한다. 수도권에 근무하는 군인이면 청약을 시도해 봄 직하다. 다만 여기에도 실거주 의무나 기타 규제가 있다. 입주 후에는 군인관사에서 퇴거해야 한다. 새로 분양받은 주택에서 가족들과 함께 실거주할 생각으로 시도해야 한다. 수도권에서 장기간 근무하는 군인이라면 시도해 볼 만하다.

일반분양의 경우, 당해지역에 거주하는 경우에만 가능하다. 수도권이나 서울에 거주한다면 군인이 아니라 거주자(일반 국민)로 청약을 할 수 있다. 그리고 10년 이상 청약우대나 25년 이상 청약우대의 경우, 특별공급의 성격이 아니다. 일반청약을 받아 준다는 혜택이다. 원래 당해지역에서 살아야 하는데 군인은 근무지가 격오지이다 보니 당해 지역에 거주하기 어렵다. 그래서 10년 이상의 경우에는 수도권을 제외한 지역에서 1순위, 25년 이상 근무 군인은 수도권에서 1순위로 일반청약을 받아 준다. 이것은 거주자(일반 국민)끼리의 경쟁에 군인을 넣어 준다는 의미이다. 일반인 입장에서는 거주하지도 않은 군인이 경쟁에 끼어들기 때문에 불편할 수도 있지만, 격오지에서 오래 근무하는 군인에게 주어지는 정책적인 배려로 이해하면 된다. 이것은 일반공급이며 실거주 의무가 적용되고 다른 규제도 일반인과 동일하다.

꿈을 이루기 위한 주택 마련 플랜

군생활만 열심히 한다고 집은 거저 생기지 않는다. 군생활을 하는 기간 동안 큰 계획을 가지고 일관성 있게 생활을 해야 가능하다. 다행히 군인의 꿈을 위해 나라는 두 개의 사다리를 놓아 주었다. 바로 군인관사와 군인 주택지원정책이다. 이 두 개의 사다리를 적절히 이용한다면 퇴직 이후 집을 마련하여 안정된 삶을 살 수 있다.

일반적으로 직업군인을 한다면 20대부터 시작해서 30대와 40대를 거쳐, 50대가 되면 만기전역을 한다. 그 나이대별로 특성이 있고 해야 할 어느 정도의 목표가 있다. 군생활을 시작하는 20대에는 아직 미혼일 것이고 열심히 하려는 의욕으로 가득 차 있을 것이다. 30대에는 이제 막 결혼을 하고 가정을 꾸리는 경우가 많을 것이다. 40대에는 아이가 태어나 중학생이나 고등학생이 되어 안정적인 삶을 살고 있다. 그리고 50대에는 이제 슬슬 퇴직을 준비해야 한다. 각 시기별로 단계별 목표와 해야 할 일이 있다. 내 집 마련과 더 나은 삶, 안정된 생활이라는 꿈을 이루기 위해서는 한 방에 목표를 이루기는 힘들다. 그러니 군대 생활 전반에 걸쳐서 10년씩 단계별로 목표를 쪼개어 추진하도록 하자.

국가에서 받는 봉급과 시간적인 여유를 함부로 쓰면 안 된다. 구체적으로 말하자면, 직업군인으로서 시간과 봉급을 허투루 낭비를 하면 안 되고 그만큼 더 값지게 써야 한다. 직업군인으로 주어진 임무에는 최선을 다해 성실히 수행해야 하고 남는 자투리 시간도 자기개발을 통해 알차게 사용해야 한다. 그리고 경제생활은 현명하게 하도록 하자. 돈을 모으지 않고 마음 내키는 대로 쓰거나 수입보다 더 많이 소비하는 행동을 해서는 안 되겠다. 성실히 일하고 저축하며 미래를 준비하는 재미를 조금씩 알아 나가자. 쓸데없는 소비를 하고 있다면 점차 줄여 가야 한다. 예를 들어 운동을 하기로 마음먹었다면, 헬스장을 1년치 끊고 헬스복을 사고 운동화를 멋있게 구입하는 것을 피해야 한다. 그보다 부대에 있는 체력단련장을 이용하자. 돈도 들지 않고 여러 용사들과 같이 운동하면서 친분을 쌓을 수도 있고, 여러 명이 운동하면서 운동 효과도 좋다. 이런 식으로 저축을 늘려 나가야 한다.

결혼 전 20대라면 수입의 80~90%는 저축하겠다는 각오로 생활해야 한다. 결혼은 30세 정도에 한다고 생각하고 그전까지 1년에 1,000만 원씩을 모으는 계획을 수립하자. 그러면 결혼 전까지 대략 5,000만 원 정도는 저축할 수 있을 것이다. 그리고 결혼한 이후에 추가적으로 2,000만 원 이상 더 만들자. 여러 방법이 있다. 결혼해서 돈을 더 모아도 되고, 부모님께 지원받아도 된다. 우리나라 정서에서는 일반적으로 부모님이 자식 출가시키면서 5,000만 원에서 1억 원 정도는 전세금으로 지원을 해준다. 부모님이 돈을 지원해 주신다면 감사히 받으면 된다. 그래도 자기 돈으로 먹고사는 것이 가장 배짱이 편한 법이다. 즉 결혼할 배우자가 모아 온 목돈을 합치는 방법이 맘 편하다. 또 같이 근검절약하는 마음이 맞는 부부라야 잘 살고 오래 해로한다. 부부가 힘을 합쳐 7,000만 원을 스스로 노력으로 만들어야 한다.

시드머니 7,000만 원은 수도권 30평 기준 아파트의 매매 가격과 전세 가격의 갭으로부터 계산하였다. 수도권 아파트 30평 기준 일반적인 분양가인 5억 원에서 주변 평균 전세 가격인 4.3억 원을 뺀 금액이 7,000만 원이다. 물론 부가적인 비용이 더 필요하긴 하다. 중개수수료와 취득세, 농어촌특별세가 1,000만 원 내외로 추가된다. 그래도 7,000만 원 정도 가지고 있으면 많이 유리하다.

30대 초반의 나이라면 요즘 분위기로 봤을 때는 아직도 어린 나이다. 일반인들은 이 나이 때에 결혼이라는 것은 생각도 하지 않는다. 군인들은 군인관사도 나오고 안정된 생활이 가능하니 30대 초반에 결혼도 할 수 있고 인생 전반을 계획할 수 있다. 이 시기에는 군인공제회 주택을 이용하여 집을 마련하는 것이 좋다. 왜냐하면 실거주 의무가 없기 때문에 전세로 세입자를 들여놓을 수 있기 때문이다. 실거주 의무가 있는 곳이라면 정해진 기간 동안은 실거주를 해야 한다. 주소지를 옮겨야 하기 때문에 군인관사에서 살 수도 없다.

인생 초반에 빨리 집 장만을 시도하자. 청약에 당첨되었다면 이제부터는 군관사에서 검소하게 성실하게 살면서 계속 저축을 해 나가야 한다. 정기적으로 나가는 중도금과 이자 비용으로 정신이 없을 것이다. 정신 바짝 차려야 하는 시기이다. 당첨이 되지 않더라도 계속 청약을 시도하자. 소비를 줄이고 돈을 계속 모으면서 적절한 저축량은 계속 유지해야 한다.

당첨된 주택이 완공되면 세입자를 찾아 전세로 돌려 놓고 일단 4~6년 정도는 전세로 가지고 있어야 한다. 돈이 있다면 바로 월세로 바꾸면 되겠지만 대부분 충분한 자금력이 없기 때문이다.

40대에는 이제 열심히 군생활을 하고 있을 시기이다. 군의 중견간부로서 생활할 것이다. 자녀들은 중학생이나 고등학생일 가능성이 높다. 우리의 또 다른 꿈인 아이들에게 더 나은 삶을 주고 싶다면 40대에 열심히 살아야 한다. 자가 주택을 전세였던 것을 월세로 돌리기 위해 노력해야 한다. 월세로 돌리기 위해 충분한 시드머니를 또 준비해야 하는데, 역시 매년 1,000만 원 정도는 저축해야 한다.

전세를 월세로 만들기 위해서는 거금이 필요하다. 처음 주택 마련 계획에 의하면, 목표 주택 가격 5억 원에 전세 보증금(남의 돈)이 4.3억 원이 들어가 있고 내 돈은 7,000만 원만 가지고 있으면 된다. 나는 내 돈 7,000만 원으로 5억짜리 집을 산 것이다. 이것을 월세로 받으려면 전세 보증금만큼의 내 돈이 필요하다. 월세 시장이 다양하긴 하지만 일반적으로 5억 원대 주택 시세라면 보증금 5,000만~1억 원에 월세 120~150만 원 선이다. 보증금 1억 원에 월세 120만 원짜리 반월세로 갈아타기 위해서는 3.3억 원이 필요하다(집값 5억 원 - 내 돈 7,000만 원 - 월세 보증금 1억 원 = 3.3억 원). 그렇게 해야 보증금 1억에 매달 120만 원의 월세 수익을 받을 수 있을 것이다. 10년 동안 3.3억 원을 만들기는 쉽지 않을 것이다. 가족을 가진 가장이 1년에 3,000만 원씩 저축을 어떻게 하나! 하지만 저렴한 대출을 이용하여 모자라는 돈을 메울 수는 있다.

이 정도로 자산을 가지고 있다면 이제 경제적으로 어느 정도 자리를 잡았을 것이다. 몇 년만 더 채우면 군인연금 대상자(군생활 19년 6개월 이상)가 되니 인생을 더 안정적으로 꾸려 나갈 수 있게 될 것이다.

50대에는 퇴직을 준비하면서 거주용 자가를 하나 더 구입하도록 하자. 30대에 구입한 아파트에 정착하면 되지 않냐고? 물론 그래도 된다. 하지만 하나밖에 없는 아파트가 가격이 오르더라도 내 입장에서는 크게 변화가 없다. 다른 아파트도 같이 가격이 오르기 때문이다. 하나 있는 것 팔아서 다른 곳으로 이사 가더라도 다른 곳도 가격이 다 올라 있다. 내가 퇴직하여 그 아파트에 거주를 하는 순간, 사실 그 아파트는 '자산'이 아니라 '부채'가 된다. 세금 내고, 관리비 내고, 이자 내고, 돈이 계속 나가게 된다. 하지만 집을 하나 더 가지고 있다면, 그 아파트에서 계속 월세를 받을 수도 있고, 가격이 올라서 팔더라도 이익이 된다. 그 아파트는 나에게 돈을 주는 착한 자산이 되는 것이다.

따라서 별도로 거주할 아파트를 저렴하게 구입하는 것이 좋다. 두 번째 주택은 전역이 5년 정도 남은 시점에 마련하는 것으로 계획하자. 접근성이 편리한 지방에 있는 공시지가 3억 원 미만의 10년 정도 된 약간 오래된 아파트로 구매한다. 지방에 있는 공시지가 3억 원 미만 주택은 소득세법상 1주택으로 인정이 되지 않기 때문에 수도권에 산 아파트(30대에 구입)와 지방 아파트(50대에 구입) 합쳐서 두 채가 되지만 소득세 기준으로는 1주택으로 간주된다. 즉 1주택으로 세제 혜택을 볼 수 있다.

다만 접근성이 편리한 지역이라고 했는데, 이는 서울과의 접근성을 말하는 것이다. KTX나 일반철도, 고속도로 등으로 서울까지 1시간 정도의 위치를 추천한다. 충남 계룡시나 강원도 춘천시 등이 이에 해당한다. 두 지역 모두 집값이 저렴하게 형성되어 있으면서 충남 계룡의 경우 KTX를 통해 서울까지 1시간 10분대 접근성을 가지고 있고, 춘천의 경우 ITX를 통해 서울까지 1시간 이내 접근 가능하다.

그래서 첫 번째 주택을 통해서 계속 월세를 받으며 주택 가격 상승의 효과도 동시에 누리고, 두 번째 주택을 통해서 퇴직 이후 실제 거주할 준비를 하자. 그러면 우리가 30년 군생활을 하면서 버틴 그 소중한 꿈을 이룰 수 있다. 노후 인생을 안락하게 즐길 수 있다.

장군이 되려는 김원진 소위가 꿈을 이루는 방법

김원진 소위는 어려서부터 장군이 되는 것이 꿈이었다. 그래서 대학에서도 ROTC를 지원하였고 군에서 성공하고 싶었다. 처음에는 경기도 연천에서 근무를 하였다. 그러다 광주 상무대로 교육을 가게 되고, 다시 강원도 양구로 이동을 하게 되었다.

생각보다 이사를 많이 하는 것에 조금 놀랐지만, 문제는 이것을 평생 반복해야 한단다. 김 소위는 이사를 하는 것에 불만이 없지만 그의 여자친구의 생각은 조금 다르다. 시골 외진 곳에 살아 본 적이 없기 때문에 전방 군관사에서 사는 것이 많이 부담된다고 한다. 하지만 둘이 열심히 노력해서 좋은 가정을 만드는 것에는 공감대가 형성되어 있다.

김원진 소위처럼 군 장교의 직업적인 특성은 전국구로 자주 부대를 옮긴다는 것이다. 군의 특성상 전방 격오지에 근무하는 경우도 있고 수도권의 좋은 지역에서 근무할 수도 있기 때문에 근무지 생활여건의 편차가 매우 크다. 그렇기 때문에 한 곳에만 오래 근무를 하면 격오지에서 근무하는 군인들이 불만이 생긴다. 그래서 장교들은 보통 1년마다 직책이 바뀌고 2년에서 3년 단위로 근무지역이 크게 바뀐다.

그도 처음에는 명예나 희생, 진급을 생각했다. 하지만 계속되는 이사와 격무 속에서 고민이 자꾸 커진다. 그에게 인생의 꿈은 무엇일까? 아마도 더 나은 삶과 안정된 생활, 곧 생길 가족들의 더 나은 인생일 것이다.

장교로서 성공한 직업군인의 인생 큰 그림을 다음과 같이 그려 볼 수 있다.

20대에는 중·소위로서 강원도나 경기도 전방지역에서 근무하는 경우가 많다. 대대급 이하의 말단 부대에서 병사들과 함께 근무하는 경우가 대부분이다. 공군이나 해군의 경우에는 기지 개념의 비행단이나 함대사령부에서 다른 부대들과 함께 근무한다. 이때는 말단 부대에서 잦은 당직근무와 높은 업무 스트레스 때문에 쉽진 않다. 그래도 군생활의 꿈을 다시 기억하자.

20대에는 결혼 준비와 목돈 마련에 중점을 둬야 한다. 간부숙소에 살면서 가급적 자가용 차량은 구입을 미루는 것이 좋다. 그러면서 1년에 1,000만 원씩 저축하여 결혼할 시기에는 목돈으로 5,000만 원을 만들어야 한다.

30대에 빨리 결혼을 계획하는 것이 유리하다. 늦춰 봐야 더 나은 상대가 나타나는 것도 아니다. 가장 젊고 유리한 시기에 결혼을 하는 것이 본인 인생에도 득이다. 이때는 대위나 소령으로 군생활을 한창 열심히 하고 있을 시기이다. 전방과 후방을 오가는 생활을 하고 있을 수도 있다. 하지만 부대를 옮겼는데 새 관사에 들어가지 못하고 대기를 하고 있을 가능성도 있다. 좋은 BTL 관사는 부족하기 때문에 바로 들어가지 못한다.

20대에 모은 돈 5,000만 원과 추가적으로 마련한 돈을 모아서 이제 군인공제회 주택청약을 신청하자. 그리고 운이 좋아서 당첨이 되면 전세 세입자를 찾아서 전세금으로 부족한 돈을 채우면 된다. 군생활은 어차피 계속 전후방을 왔다 갔다 하게 되어 있다. 가족과 함께 군관사에 거주하면서 검소하게 생활하고 계속 돈을 모아야 한다. 우리의 본업인 군대 생활에도 최선을 다해야 한다. 그래야 중령으로 진급할 수 있다.

40대에는 중령 계급일 가능성이 높다. 물론 중령을 못 달고 소령으로 전역하는 경우도 많다. 그럼 민간사회로 진출하여 다시 취업하고 돈을 벌면 된다. 그래도 목돈을 모아 놓고 집이라도 한 채 있으면 다행이다. 중령이 되어 대대장과 참모직을 마치면 서울특별시나 계룡대에 근무할 기회가 생긴다. 서울에는 국방부와 합동참모본부, 기타 국직부대가 많다. 계룡에는 각군 본부가 위치하고 있다. 사실 이것이 군생활에서 매우 중요한 터닝포인트이다.

전방에서 열악한 생활만 하다가 이제 서울과 계룡의 좋은 관사에 살게 된다. 주거환경에 대한 목마름이 어느 정도 해소된다. 서울은 최고의 주거환경을 가지고 있다. 계룡시에도 BTL 고급 아파트들과 군인골프장, 수영장 등 복지시설, 그리고 엄청난 군인 가족 네트워크가 있다. 군인이나 군인 가족 입장에서는 서울시 못지않게 군인에게 유토피아적인 도시이다.

보통 서울이나 계룡시에서 3~4년 정도 근무하고 다시 전방으로 이동을 해야 한다. 가족이 있다면 가족들과 함께 이사를 하는 것이 원칙이다. 하지만 아이들도 중학생이나 고등학생이고 학교에 친구들이 있기 때문에 다른 곳으로 주거이동을 원하지 않게 된다. 이때 군관사의 퇴거 유예 제도를 잘 활용해야 한다. 자녀가 중학교 2·3학년이나 혹은 고등학교 2·3학년이라면 해당 학교 졸업 시까지 이사 가지 않고 서울이나 계룡시 군관사에서 계속 거주할 수 있다. 이것은 군인의 주거안정을 위한 정상적인 유예제도이다. 사용자 입장에서는 정책을 잘 이해하고 이용해야 한다.

또 자녀가 2~3명 있다면 자녀별로 역시 중학교 2·3학년이나 혹은 고등학교 2·3학년일 때 해당 학교 졸업 시까지 이사 가지 않아도 된다. 첫째가 고 3 졸업하는 연도에 둘째가 다시 고 2라면 유예가 더 추가된다. 가족은 한 곳에 정착을 시키고 군인 본인은 나라가 가라고 하는 곳으로 이동하여 살면 된다. 지휘관 관사나 간부숙소를 더 지원받는 것은 제도적으로 가능하다.

40대는 교육비와 소비생활이 커지기 때문에 경제적으로 어려워지는 시기이다. 힘들겠지만 검소하게 아껴 쓸 수밖에 없다. 충분하게 돈을 모았으면 30대에 구입한 자가 주택은 월세로 전환을 시도하자. 월세를 150만 원 이상 받게 되면 경제적으로 매우 여유 있는 생활을 할 수 있다.

50대에는 중령이나 대령의 계급일 것이다. 물론 장군의 반열에 오른 경우도 있겠지만 그런 경우는 매우 드문 케이스이다. 그러면서 이제 퇴직이 3년 이내로 남아 있는 경우가 많기 때문에(중령 정년 53세, 대령 56세) 이제 더 이상의 진급은 어려울 것으로 생각하고 군생활을 마무리하는 분들이 많다. 사실 50대가 되는데 군생활을 더 이상 하면 얼마나 하겠는가? 이제 전역을 하고 정착할 지역을 고민해야 한다.

자녀들은 대학생이거나 혹은 독립을 한 경우도 있다. 이 시기에는 군대 생활에서 더 진출할 생각보다는 퇴직 준비를 어떻게 더 알차게 할 것인지 고민하는 것이 더 중요하다. 건강도 챙기면서 동기생들과 연락도 더 열심히 하며 친구도 슬슬 만들고 취미도 준비해야 한다. 그리고 투자용 주택 외에 실제 거주할 주택을 마련할 필요가 있다. 정착하고자 하는 지역에서 1~2억 정도의 저렴한 주택을 알아보자. 그리고 퇴직 이후 일자리를 구하기 위해서 자격증도 따고 정보도 얻자.

50대 퇴직 이후에는 군생활과 완전히 다른 삶이 펼쳐진다. 일단 배우자 의견을 통해 정착 지역을 결정해야 한다. 계획대로라면 거주하는 주택이 있고 월세를 받는 투자용 주택도 있을 것이다. 매달 나오는 군인연금을 받으며 생활할 것이고 시간이 엄청나게 많아진다.

집에만 있으면 눈치 보여서 괜히 등산도 가고 친구들도 만난다. 직장이 없으면 건강보험료 부담도 너무 늘어나기 때문에 어느 정도 근로소득이 있으면 좋다. 어떤 직업이라도 일단 하자. 체력에 자신이 있다면 경비 관련 일을 해도 좋다. 주택관리사 자격증을 미리 준비해 놓았다면 관리소장을 할 수 있다. 본인이 석·박사 학위가 있다면 군사학과

교수를 해도 된다. 근로소득을 벌면서 안정되게 월세소득까지 있다면 성공한 노후를 보내고 있는 것이다.

원사가 되려는 차승현 하사가 꿈을 이루는 방법

직업군인으로 안정된 생활을 하고 싶은 차승현 상병은 부사관으로 지원하였다. 그래서 하사로 임관하게 되었다. 그의 꿈은 원사로 전역해서 집도 한 채 사고 가족들과 행복하게 지내는 것이다.

부사관의 직업적인 특성은 한 부대에서 오래 근무하는 것이다. 일단 근무를 시작하면 거기에서 10년 이상 오래 있는 경우가 많다. 심한 경우에는 군생활 30년 동안 한 부대에서 근무하기도 한다. 그러면 당연히 이사를 하지 않는다. 여기에는 양면성이 있다. 좋을 수도 있고 나쁠 수도 있다. 30년 동안 강원도 전방 격오지에 근무한다면 이것도 힘든 일이다. 물론 30년 동안 서울에서 근무한다면 정말 좋을 것이다.

안정적으로 한 곳에서 오래 근무하는 부사관으로 인생에서도 성공하자. 인생 큰 그림을 다음과 같이 그려 보면 어떨까?

20대에는 하사부터 시작하여 강원도나 경기도 전방지역에서 근무하는 경우가 많다. 대대급 이하의 말단 부대에서 병사들과 함께 근무할 것이다. 공군이나 해군은 비행단이나 함대사령부에서 역시 대대급 이하 부대에서 근무하거나 함정을 탈 것이다. 20대에는 장기복무를 하겠다는 목표를 가지고 성실히 근무해야 한다. 인생의 방향성을 부대 완벽 적응, 결혼 준비와 목돈 마련에 중점을 두자. 자가용 차량은 구입을 하면 안 된다. 봉급이 많지는 않겠지만 최대한 소비를 줄이자. 1년에 800~1,000만 원씩 저축하여 결혼할 시기에는 목돈으로 5,000만 원을 만들자.

30대에 빨리 결혼하자. 더 빨리 결혼해도 된다. 부사관들은 대체로 근무지역 내에서 소개 등을 통해서 결혼을 하는 경우가 많다. 어차피 근무지역에서 30년 군대 생활을 하고 나중에 정착까지 하려면 그곳에서 배우자를 구하는 것이 현명한 방법이다. 처가에서 도움을 받는 것도 많고 배우자도 안정적으로 산다. 본인도 심적으로 많은 위안을 받는다. 직장이 있는 배우자를 매우 추천한다. 배우자가 능력이 있고 처가에서 본인에게 도움을 줄 정도면 결혼 이후 생활이 매우 유리해진다. 잊지 말자. 우리는 지역에서 평생을 살 생각이다. 성실히 근무하고 안정적으로 군관사에서 생활할 것이며 군인연금까지 받고 나중에는 건물까지 소유할 인재라는 것을 상기하자.

30대에는 중사나 상사로 대대급 이하 부대에서 근무하고 있을 것이다. 다른 근무지역으로 전입이나 전출을 가는 큰 이동은 아마 없을 것이다. 중사부터 결혼을 하면 군관사 입주 대상이다. 하지만 군관사가 부족한 관계로 대부분 조금 노후한 군관사를 받을 것이다. 조금 기다리는 조건으로 시설이 좋은 BTL 군관사에 대기를 신청하여 6개월에서 1년 정도 기다리는 방법도 있다. 20대에 모은 돈을 이용해 군인 공제회 주택청약을 신청해야 한다. 신혼부부 우선공급을 먼저 시도해 보자. 여기에 당첨이 되면 전세 세입자를 찾아서 전세금으로 부족한 돈을 채우면 된다.

부사관은 한 곳에 오래 근무하기 때문에 가족과 함께 군관사에 거주하면서 검소하게 생활하고 돈을 계속 모아야 한다. 30대 초반에 대부분 장기복무가 결정이 나는데, 장기복무 이후 군생활에 소홀히 하는 경우가 종종 있다. 우리의 꿈을 잘 생각하자. 생활이 안정된다고 과도한 취미생활이나 술자리에 빠지는 경우도 있다. 이래선 군 제대 후에 가난해지기 딱 좋다. 꾸준히 돈을 모아 아파트에 들어갈 자금을 만들어야 한다. 생활은 검소하게 해야 하고, 검소한 생활을 하기 위해서 군대 생활도 성실히 해야 한다.

40대에는 매우 안정된 생활을 할 것이다. 일찍 결혼하여 자녀들은 중학생이나 고등학생이 되어 있으며 아이들은 학교에서도 나름 공부를 잘하고 있다. 보통 40대의 장교들은 이사 문제로 큰 고통을 받는다. 그리고 10년 이상 이사를 하고 다니는 통에 가정생활도 좋지 않은 경우가 많다. 가정환경이 안정된 부사관 자녀들이 장교 자녀들보다 학업성취도가 더 높다는 이야기가 있다. 장교 자녀들은 자주 이동하고 아빠가 집에 없어서 상대적으로 방황을 많이 한다. 이에 비해 부사관 자녀들은 안정된 가정에서 높은 목표를 가지고 열심히 공부한다고 한다. 사관학교 합격자의 아버지들을 보더라도 장교보다 부사관이 더 많다는 이야기도 있다. 부사관으로 한 곳에서 장기간 근무하고 가정

생활도 안정되게 하고 있는 것은 정말 대단한 장점이 아닐 수 없다. 부대에서 가장 좋은 BTL 관사에서 가족들과 단란하게 10년 이상 살고 있는 모습은 부사관으로서의 혜택이다.

40대면 대대급 주임원사나 사단급 이상의 참모부 담당관을 하고 있을 나이다. 바쁜 시기이지만 성실히 근무하자. 자녀교육비와 소비생활이 매우 커지기 때문에 경제적으로 어려워지는 시기이다. 검소하게 살기 위해서는 군대 생활을 성실하게 할 수밖에 없다. 초과근무 수당도 받고 성과급도 많이 받기 위해서는 직장에서 열심히 해야 한다. 충분하게 돈을 모아서 30대에 구입한 자가 주택은 월세로 전환을 시도하자. 군단이나 사령부 전체를 통틀어 봐도 자가 주택이 있고 거기서 월세를 받는 군인은 거의 없을 것이다. 경제적으로도 매우 여유 있는 생활을 할 수 있다.

50대에는 고참 상사나 원사의 계급으로 대대급에서 여단급 주임원사 혹은 사단 이상 담당관을 하고 있을 것이다. 이제 53세에서 56세 사이에 전역을 해야 하기 때문에 전역 준비를 해야 한다. 이제 군에서 더 이상 진출하기도 어려우니 스스로 이 정도 했으면 되었다라고 생각하고 있을 참이다.

일반적으로 부사관들은 30년 정도 한 곳에서 근무를 해왔기 때문에 인적 네트워크가 해당 근무지역에 상당하다. 그래서 퇴직을 해서도 대부분 근무지역에서 정착을 하는 사례가 많다. 월세를 받고 있는 투자용 주택 외에 정착을 할 지역에 위치한 실제 거주 주택을 마련하자. 아마 지방이기 때문에 1억 내외로 저렴한 주택을 찾을 수 있을 것이다. 퇴직 이후 일자리도 알아보고 이제 군대 후배들에게도 잘해 주고 좀 더 신경 쓰자. 내가 퇴직하면 을이 되고 현직에 있는 후배들이 갑이 된다. 여러모로 부탁할 일도 생기고 현직 후배들에게 정보를 들을 일도 많다.

50대 퇴직 이후, 부사관의 경우에는 생활에 큰 변화가 없다. 근무지역에서 정착을 하는 경우가 대부분이다 보니 현직에서 만난 사회 친구들이나 군대 후배들을 계속 만날 수 있다. 사회적으로 단절이 없다. 현직 때 현장에서 실제적인 업무를 많이 하기 때문에 사회에서 직업을 구할 때도 큰 부담이 없다. 그래서인지 장교 퇴직자에 비해 부사관 퇴직자들이 더 사회에 잘 적응한다. 이것도 부사관으로서의 큰 혜택이다. 건강도 챙기면서 현직 후배들과 소통하면서 지역사회에 잘 적응하자. 퇴직 이후 지방에 거주용 주택이 있고 월세를 받는 투자용 주택도 있을 것이다. 군인연금도 매달 받고 지역사회에서 일도 하면서 여유 있게 생활하자.

대한민국 사람에게 '내 집' 마련은 평생의 꿈이다.
군인에게는 군인관사가 주어지지만 이것도 잠시뿐이다.
퇴직 이후에는 '내 집'이 있어야 한다.

어찌 보면 내 집 마련은 진급보다 더 기쁜 일!
30년 힘들게 군대 생활을 하더라도
내 집에서 편안한 노후를 보낼 수 있다면
지난 세월이 보상되지 않을까?

여러 군인들의 다채로운 내 집 마련 사례를 소개하였다.
내 집 마련의 실제 이야기를 들으며 꿈을 길러 보자.

5

진급보다 더 기쁜 내 인생 내 집 마련

퇴직 전에 꼭 해야 할 일

아는 여군 대령님을 만났다. 그분은 내가 부동산에 관심이 많다는 것을 알기 때문에, 자연스럽게 집 이야기를 하게 되었다.

"지금까지 군생활 30년 가까이 했는데 나도 집 한 채 못 샀어."

"바쁘시니까 못 사신 거죠."

"그래, 바쁘게만 살았는데 정신 차리고 보니 이제 퇴직이 눈앞이더라구."

"군대 생활 몇 년 남으셨어요?"

"뭐, 한 4년 남았지."

"장군 진급하시면 되잖아요?"

"아냐, 애매하게 장군 되어 봐야 퇴직만 더 빨라져."

대령은 나이 정년으로 만 56세에 퇴직을 한다. 하지만 장군은 계급 정년이 있기 때문에 차상위 계급이 되지 못하면 5년 내 전역해야 한다. 즉 준장으로 49세에 진급을 하였다면, 투스타를 달지 못하면 5년 뒤 54세에 강제 전역을 해야 하는 거다. 50세가 넘어가면 더 이상의 진급은 사실 별 의미가 없어진다. 어차피 퇴직 시기는 비슷하기 때문이다.

"돈은 모아 놨는데 아직 집을 못 샀어."

"요새 집값도 비싸고 언제 들어갈지 감도 없고, 솔직히 어디에 정착할지도 모르겠어."

퇴직 시기가 가까워질수록 집이 없어 점점 걱정이 된단다.

더 나은 삶을 위해 퇴직 전에 내 집 한 채 마련은 필수이다. 왜냐하면 집이라는 것은 생필품 쇼핑하듯이 사는 것이 아니기 때문이다. 가격도 워낙에 비싸고 다양한 대외 요인에 연동하여 가격이 움직인다. 그래서 단기간에 마음먹고 구입하기 어렵다.

가격이 비쌀 때는 팔려는 사람은 집을 안 내놓는다. 왜냐하면 내일이 더 오를 것 같기 때문이다. 집을 사려는 사람도 가격이 비싸서 쉽게 사기 어렵다. 또 가격이 싸지면 팔려는 사람은 많이 내놓지만 사려는 사람은 시간이 지나면 더 싸질 테니 잘 사지 않는다. 이런저런 생각으로 집을 팔기도 어렵고 사기도 어렵다.

대체로 주택 값은 우상향으로 상승한다. 하지만 가격이 너무 올라서 거품이 빠지는 경우도 물론 있다. 원래 가격이 이 정도는 아닌데 수요가 너무 몰려서 비정상적으로 폭등하는 경우도 있다. 과거 네덜란드에 발생했던 튤립 사건을 아는가? 튤립의 종류에 따라 귀한 종이 있었는데, 이것의 가격이 올라서 거의 집 한 채 가격까지 되었다고 한다. 그러다 그것이 정상 가격이 아니니까 폭락한 사건이다. 주택의 경우도 마찬가지로 너무 과열된 상태로 폭등하다가 다시 수요가 빠지면 폭락할 수도 있다는 것을 알아야 자본주의의 본모습을 이해할 수 있는 것이다.

자유경제체제에서는 반드시 물가가 올라가도록 설계되어 있다. 그것을 모른다면 가만히 앉아서 점점 가난해지고 있는 것이다. 물가는 반드시 올라간다. 돈 가치는 떨어지고 자산의 가치는 올라간다. 그럼 자산을 만들어야 하는데, 어디에 투자하는 것이 가장 좋을까? 나는 부동산이라고 생각한다. 어차피 살아야 할 집은 필요하다. 그런데 퇴직이 얼마 남지 않은 시점에서는 여군 대령님의 이야기처럼 조급해진다. 마음이 조급해지면 잘못해서 집을 비싸게 살 수도 있다.

직업군인은 직업적인 문제로 집을 구입하기가 어렵다. 일단 근무지역을 전국구 단위로 자주 옮긴다. 장교의 경우에는 보통 2~3년마다 이사를 해야 하고, 심하면 1년 이내에도 몇 차례 근무지를 옮기기도

한다. 그렇기 때문에 정책적으로 군인에게 군인관사를 지원해 주는 것이고, 그래서 당장 집 걱정을 할 필요는 없다. 하지만 문제는 주거지원정책은 딱 현역에 있을 때까지만 지원된다는 것이다. 퇴직 후에는 주거지원을 해주지 않는다. 퇴직 후에 본인이 살 집은 스스로 마련해야 한다. 그런데 물가는 마구 올라가고 집값은 비싸다. 제 돈 다 주고 주택을 마련하는 사람은 거의 없지만 그래도 몇 억 원의 주택 자금은 있어야 한다. 또 아무 곳이나 집을 살 수도 없는 노릇이다. 주택에 관한 정보도 있어야 한다.

집이라는 것은 그냥 퇴직하면서 '탁!' 자동으로 생기는 것이 아니다. 퇴직금만으로 구입할 수도 없는 노릇이다. 군인은 연금이 있는 대신 퇴직금은 매우 적은 편이다. 우리 부모님들도 평생을 걸쳐 월급을 아끼고 절약하고 노력해서야 겨우 집을 장만하시지 않았는가! 우리 군인들도 군생활을 성실히 하면서 근검절약해서 집을 마련해야 한다. 그리고 주택 마련을 위한 인생의 큰 계획을 세워야 한다. 나의 배우자가 군인 가족으로 힘들게 살면서도 참고 견디는 것은 꿈이 있기 때문이다. 더 나은 삶, 더 안정적인 삶을 위해 현재를 살고 있는 것이다. 그 꿈을 위해 직업군인으로 명예롭게 근무하고 퇴직을 할 때에는 집이라도 한 채 준비되어 있어야 한다.

그러기 위해서는 많은 노력이 필요하다. 군인이 내 집 마련을 하려면 내적 요인(집을 구입하려는 의지)과 외적 요인(군 특수성, 군인으로서 혜택)이 잘 결합되어야 한다. 내적 요인은 군인 개인 스스로의 마음 자세이다. 군생활을 성실히 하고 절약하여 열심히 돈을 모으겠다는 '의지'와 주택 마련을 위한 철저한 '계획'이 필요하다. 그러기 위해서는 가족 간의 '협의'도 필요할 것이다. 외적 요인, 즉 군의 특수성과 군인으로서의 혜택은 우리에게 사다리의 역할을 해주는 것들이다. 먼저 군인관사가 있다. 그것을 이용하여 더 나은 삶으로 넘어갈 수 있어야 한다. 군인 주택지원정책이 두 번째 사다리이다. 직업군인의 장점을 잘 이용하여 각 요인들을 유리하게 만든 다음 주택을 구입할 수 있다.

직업군인은 인생을 일찍 독립하여 시작할 수 있고 직업 기간 동안 군관사가 지원되는 이점이 있다. 또 나라에서 군인을 위한 특별공급도 정책적으로 지원해 주고 저렴한 대출도 많다. 그런 이점을 잘 활용하여 내 집 마련의 인생 큰 그림을 그리자.

이제 군생활을 시작하는 20대 김솔비 중사

김솔비 중사는 28살의 부사관이다. 그에게 왜 군인이 되었는지 물었다.

"대한민국의 청년으로서 어차피 군대를 가야 했으니까요. 그래도 간부로 오고 싶었습니다."

"저는 취미가 조금 특이해서 처음에는 군에서 폭파 전문가가 되고 싶었어요."

그의 취미는 전투장면 폭파 디오라마를 만드는 것이다. 그래서 병과 선택을 병기를 희망하였다. 하지만 결국 화학병과로 임관하였다. 22세에 시작한 군생활이 이제 6년 차가 다 되어 간다. 그는 6년 동안 강원도 양구군에서 주로 생활하였다.

"솔직히 저도 제 분야에서는 전문가가 되고 싶었습니다."

"그런데 하사가 전문가가 되는 것을 원하는 사람들이 없더라구요."

"그냥 잡일만 많이 한 것 같아요. 당직근무 엄청 많이 섰구요."

군대 생활 초기에는 정말 힘들고 아무 생각도 없었다. 매일 주어진

행정업무를 하고 4~5일에 한 번씩 당직근무를 섰다. 월급이 나오긴 하는데 쓸 수 있는 시간이 없었다. 주말에도 당직을 서든지 아니면 숙소에서 지냈다.

그에게도 군생활의 꿈이자 목표가 있다. 바로 부모님에게서 독립하는 것이다. 김 중사의 부모님은 경제적으로 깨어 있으신 분들이었다. 집안 분위기도 자립을 중요시하는 분위기였다. 김 중사는 대학교 학자금도 부모님께 빌린 것으로 생각하였다. 그래서 부사관으로 취직을 하여 수입이 생겨난 이후부터는 학자금을 부모님께 되돌려 드리기 시작했다. 군생활 초기 하사 시절에는 월급이 세후 120만 원이었다. 그 중에서 70만 원을 부모님께 보내 드렸고, 남은 50만 원으로 생활하였다. 50만 원 중에서 20만 원은 인터넷과 핸드폰 통신비로 지출했다. 그리고 10만 원은 고등학생 때부터 5년간 넣어 온 펀드를 계속 넣었다. 그리고 나머지 20만 원을 용돈으로 썼다.

"주말마다 당직을 선 것 같구요. 휴가는 한 달에 한 번 정도 갔어요."

"양구에서 집으로 가는 데 교통비로 5만 원 썼구요, 10만 원은 친구 만날 때 밥 먹고 술이나 한잔하는 데 썼고, 나머지 5만 원은 담뱃값으로 사용했습니다."

김 중사는 한 달에 한 번 2박 3일 정도 휴가를 갔다. 휴가 동안 부모님도 뵙고 사회 친구들도 만나면서 사회와 접점을 유지했다. 나머지 주말에는 당직근무를 서거나 간부숙소에서 지냈다. 숙소에서 휴식하거나 독서를 하거나, 부대 출근해서 초과근무를 최대한 찍었다.

"돈을 더 벌 수 있는 것이 초과근무밖에 없었어요. 알바를 할 수도 없으니까요."

김 중사는 초과근무를 최대한 해야 한다고 생각한다. 평일에 부대에서 퇴근을 하면 오후 5~6시이다. 시간이 많은 편인데 남는 시간에 게임이나 하고 술이나 마시면서 시간을 낭비하는 것은 손해이다.

"차라리 초과근무를 하면서 성실하게 일을 하는 것이 훨씬 이득이지요. 일을 열심히 하면 상급자들에게도 인정받고 나도 신나고, 시간도 잘 가고, 또 수당도 많이 받으니까요."

그리고 남는 시간은 또 열심히 책도 보고 사회 준비도 하는 것이다. 김 중사는 열심히 사는 사람에게 더 많은 이익이 가고 더 많은 혜택이 가는 것은 자본주의의 당연한 진리라고 생각한다.

처음 군생활 시작 이후 이렇게 3년을 살아오니 약 3,000만 원이라는 돈을 모았다. 1년 기준으로 부모님께 드린 매달 70만 원이 840만 원이 되었다. 그런데 부모님은 그 돈을 다시 김 중사에게 주셨다. 부모님께 받은 돈 840만 원, 그리고 성과상여금 80만 원과 명절휴가비 40만 원도 모두 모았더니 합하면 약 1,000만 원이 된다. 이것을 3년 동안 부지런히 했더니 3,000만 원이 모인 것이다.

"지금 돌이켜 보면 통신비를 좀 많이 쓴 것 같아요. 요즘에는 통신사도 알뜰폰으로 바꿨습니다. 담배도 피우면서 돈을 좀 낭비한 감이 있어요. 그래도 20대 초반에 열심히 살아온 것 같다는 생각이 듭니다."

김 중사는 처음에 만든 목돈 3,000만 원을 가지고 투자를 시도하였다. 그런데 부모님이 다시 1,000만 원을 더 보태 주셨다. 그에게 형이 있었는데, 부모님이 형에게 배낭여행비로 1,000만 원을 주었다고 한다. 그래서 김 중사에게도 그만큼 더 용돈을 주신 것이다.

처음 투자는 오피스텔로 시작했다. 모친의 소개를 받아 경기도 수

원에 시세를 잘 알고 있는 물건을 투자했다. 경기도 수원시 상현역 인근에 위치한 신축 오피스텔로, 7.5평이었다. 분양가는 1억 2,000만 원이었다. 김 중사는 모았던 5,000만 원을 투입하고 부족분은 전세를 넣어 전세금 7,000만 원으로 메꾸었다.

그렇게 오피스텔을 한 채 가질 수 있었다. 그 이후로도 김 중사는 군생활을 열심히 하고 있다. 부모님께 매달 70만 원을 보내고 50만 원으로 생활하는 나름 빡센(?) 생활을 계속하고 있다. 1억 2,000만 원이던 오피스텔은 1년 정도 지나자 시세가 2억 2,000만 원으로 엄청나게 올랐다. 그도 갑자기 그렇게 부동산 가격이 상승할 줄은 몰랐다. 2년 뒤 전세를 재계약할 때는 전세에서 반월세로 바꾸었다. 전세금 7,000만 원을 보증금 4,000만 원에 월 35만 원으로 바꾼 것이다. 그렇게 매달 35만 원을 월세로 받게 되었다.

일단 20대 때는 돈을 모아야 하는 시기이다. 정신 차리고 10년 정도 아껴 쓰고 돈을 모은다면 5,000만 원은 충분히 모을 수 있다. 그리고 이것을 잘 투자하여 돈을 불려 나가야 한다. 그러기 위해서는 20대의 멘탈 관리가 중요하다. 최대한 소비를 줄여야 한다. 생활도 단순하고 건조한 듯이 해야 한다. 매일 일에 집중하고 초과근무를 많이 해야 한다. 주말에도 돈을 쓰려고 하면 안 된다. 책을 읽고 자기개발을 해야 한다. 20대에 허세가 들어서 정신을 못 차리면 소비가 폭발하고 만다.

군관사냐, 내 집이냐?
이하늘 상사의 결심

이하늘 상사는 군인인데도 불구하고 전방에서 근무하고 있지 않다. 바로 누구나 꿈꾸는 서울 시내에서 근무한다. 그것도 10년 동안 같은 곳에서 일하고 있다. 이하늘 상사처럼 군인 중에서도 운이 좋다면 수도권에서 근무할 기회가 있다. 서울 용산에는 국방부와 합동참모본부가 있다. 국방부 직할부대(재정관리단, 국군복지단 등)와 육군 수도방위사령부, 해·공군 부대 등 의외로 수도권에 주둔하는 부대는 많다.

이하늘 상사는 부사관으로 서울 모처의 방공부대에서 근무하고 있다. 부사관의 특성 때문에 다른 곳으로 이동하지도 않고 한 곳에서 일하고 있는데, 3년 전에 지금의 배우자를 만나서 결혼에 골인하게 되었다. 배우자와 함께 신혼집을 꾸밀 관사를 보러 갔다.

"자기야, 웬만큼은 각오하고 왔는데 이건 너무한 것 같은데?"

그의 아내는 어느 정도는 각오했단다. 주변 친구들에게 군인과 결혼한다고 하니 허름하고 낡은 군인관사에 대한 이야기를 많이 했단다. 하지만 그들이 본 관사는 상태가 너무 심했다. 천장에는 벽지가 찢어져 있고, 벽 여기저기에 크레파스로 낙서가 되어 있었다. 장판은 오래되고 곰팡이 냄새가 집 안을 가득 채우고 있었다. 일단 평수도 18평이고, 혼수를 집어넣을 공간도 충분치 않았다.

부대 복지담당관은 당황했지만 이 정도는 그래도 고쳐서 쓰면 살 만하다고 말했다.

"이 상사님, 알다시피 서울에는 관사가 부족해서 이것도 몇 달 만에 겨우 나온 귀한 집이에요."

"안에 도배 장판 좀 새로 하고, 내부 청소 좀 하면 그래도 괜찮을 겁니다. 여기 주변 민간 아파트는 얼마나 비싼데요."

복지담당관의 말은 사실이다. 서울의 부동산 가격이 폭등하면서 웬만한 전세는 모두 5억이 넘었다. 비싼 전셋값으로 인해 군인들은 상대적으로 가격이 매우 저렴한 군인관사로 들어갔다. 그런데 문제는 관사가 낡고 오래되었다는 것이다. 이 상사는 엄청나게 실망한 그의 아내를 달래고 돌아왔다.

같은 사무실에서 근무하는 선배 부사관을 찾아가 어떻게 해야 하는지 물어보았다.

"선배님, 아내가 군인관사 보고 놀라서 기겁을 합니다. 너무 낡았다고."

"그렇지, 나도 그래서 밖으로 나가 살잖아."

밖으로 나가 산다는 것은 민간주택에서 산다는 말이다.

"선배, 그러면 돈 많이 들지 않아요?"

"생각보다 별로 안 들어. 그리고 좋은 집에서 살려면 이 정도 부담은 해야지."

그 선배도 결혼해서 부대 옆에 있는 낡은 15평 군인아파트에서 살았다고 한다. 그러다 아이가 태어났는데 곰팡이 때문에 아토피에 걸렸다고 한다.

"아이가 아토피 걸려서 엄청 고생했어. 그래서 당장 처가로 아이 보내고 군관사를 탈출했지."

처음에는 민간 전세자금을 군에서 지원받았다고 한다. 3억 5,000짜리 전셋집에 들어갔다. 군에서 3억 원을 지원받고 부족한 5,000만 원은 대출로 막았다. 그런데 전세 계약기간 2년이 지나면 자꾸 집주인이 전세금을 올려 달라는 것이 문제였다.

"시세가 올라갔으니 이번에도 3,000만 원만 올려 줬으면 좋겠네."

또 3,000만 원을 올려 달란다. 군인 월급 모아도 2년에 2,000만 원 모으기도 벅찬데 어떻게 3,000만 원을 마련하나? 결국은 대출을 해서 주는 방법밖에 없다. 이것을 두어 번 하니 깨달음이 왔다.

"이때 깨달았지. 차라리 그냥 내 집을 사자! 어차피 전세금 올라가도 내가 대출받아서 주는 건데 그냥 대출 왕창 땡겨서 내 집 사는 게 속 편하지."

그래서 그 선배는 아예 본인의 집을 구매하였다. 군에서 관사나 다른 지원을 안 받기 때문에 주택수당을 월 8만 원 받는단다. 그것으로 대출이자 조금 낸다고 한다. 대출이자는 매달 100만 원 정도. 사실 상당히 부담스러운 금액이다. 하지만 배우자도 돈을 벌고 있고 매달 돈을 모으는 재미가 있다. 집값도 최근 1억 원 이상 올랐다. 그런 맛에 자기 집을 가지는 것이 아닐까?

이하늘 상사는 집으로 돌아와 고민을 한다.

"나는 부사관인데 여기서 거의 평생 근무할 것 같다. 그런데 이런 허름한 군관사에서 20여 년 살아야 한다면 이것은 절망이다!"

그래서 그는 일단 신혼집은 군관사로 들어가고 2년 이내에 탈출해서 민간주택으로 나가 살 것이라는 계획을 수립했다.

국가에서 군인을 위해 다양한 주택 마련 방법을 지원하고 있다. 그런데 서울 지역에 군인공제회 주택분양은 아직 계획이 없었다. 일단 패스! 그다음은 군인 특별공급이다. 서울 지역에 군 특공이 나오기는 하는데, 워낙 계급이 높은 분들이 많아서 이 상사의 청약점수로는 어림도 없다. 이하늘 상사는 차라리 바로 일반공급을 공략하기로 한다. 수도권 지역에서 2년 이상 근무했다면, 군인도 당해지역 1순위로 일반청약이 가능하다. 하지만 일반인과 동일한 조건으로 청약을 하는 것이니만큼 직업군인으로 특별한 혜택은 없다. 그러나 일반청약은 공급량이 많고 지역별·평수별로 경쟁이 비교적 적은 곳도 있다 보니 실제로 군인 중에서도 일반분양으로 청약을 시도하여 자기 집을 마련한 사례가 상당히 많다고 한다. 다만, 사전에 주소지를 해당 지역(해당 지역 군관사 주소)으로 옮겨 놓아야 한다. 이 상사는 마침 서울에 있는 군인관사에 거주하면서 주소지를 서울로 옮겨 놓았다.

이하늘 상사는 비교적 저렴한 LH 아파트를 청약하기로 마음먹었다. 그래서 먼저 그의 주민등록표를 확인했다. 이하늘 상사와 배우자 두 명만이 있었다. 주소지는 서울이고 둘 다 무주택이다. 그리고 청약통장을 확인하였다. 하사 때인 25살부터 매월 10만 원씩 넣고 있었다. 청약통장에 가입한 지 벌써 8년이나 되었다. 서울 지역의 청약은 가입한 지 2년이 지나야 하고, 납입 횟수가 24회 이상이어야 하는데 그것도 통과했다.

결혼하고 몇 년 후, 이하늘 상사는 드디어 원하는 아파트에 당첨될 수 있었다. 그의 아내와 같이 열심히 공부하고 돈을 모은 지 3년 만이었다.

내겐 너무 예쁜 복덩이 3형제! 배경수 상사

배경수 상사는 경기도 과천에서 근무하고 있는 부사관이다. 그는 주거복지 담당관으로 근무를 하고 있어서 군관사에 대해 할 말이 많다.

"이하늘 상사에게 군인관사 소개해 준 복지담당관이 바로 접니다."

"서울 지역에 군관사가 부족하다 보니 군 전세 대부를 지원받아 민간주택에 거주하는 경우도 많지요."

"그런데 최근 5년 사이 민간 전셋값이 너무 많이 올라서 문제이지요."

그의 말대로 국방부에서 지원하는 전세 대부 지원 제도는 좋은 것이다. 하지만 지역별로 지원금액이 정해져 있는데 하루가 다르게 올라가는 민간 전세가를 따라가지 못한다. 그에 대한 금액 차이는 직업군인이 고스란히 떠안아야 한다. 사실 국방부 입장에서도 모든 전세금을 실제 금액으로 지원하기에 빠듯한 상황이다.

당시 기준 과천 지역은 서울과 동일한 1-1지역으로, 군 전세 대부금액은 3억 원. 하지만 3억으로 전세를 구할 수가 없는 것이 함정이다. 지역 내 아무리 저렴한 주택을 골라도 4억 원 이상이었다. 부족한 1억 원은 개인이 마련해야 한다.

“근무 연차가 있는 중견간부들은 그래도 좀 모은 돈도 있고 대출도 가능하지요. 그런데 이제 막 결혼한 초급간부들은 월급도 얼마 안 되고 모아 놓은 돈도 없으니 전세를 구하기 쉽지 않지요.”

그래서 초급간부들은 조금 낡고 불편하더라도 저렴한 군관사로 들어간다고.

배 상사가 복지담당관을 처음 시작한 2018년만 해도 군 전세지원금 3억 원으로 웬만한 곳은 들어갈 수 있었다. 하지만 이제는 허름한 연립주택이나 빌라도 전세가 4억이 넘어가고, 그것도 귀한 물건 취급을 받는다고 한다. 바쁘고 힘든 복지담당관 업무를 하다가 하루는 곰곰이 생각을 했다.

“아니, 나는 맨날 다른 사람들만 주거를 지원해 주고 왜 내 주거 문제는 해결을 하지 않지?”

그렇다. 다른 군인들의 관사와 전세자금 지원 업무는 밤늦도록 열심히 해주고 있는데, 집에서 고생하는 가족들에게는 의외로 무심했던 것이다. 그의 가족도 15평 낡은 군인관사에 살고 있었다. 그리고 지난해에 낳은 늦둥이 하나를 포함하면 그의 자녀는 총 3명이었다. 5명의 가족이 15평 군인아파트에서 살고 있었다. 고생하는 가족들은 생각도 하지 않고 매일 남들 주거지원만 하고 있었다.

그래서 하루는 마음먹고 아내와 이야기를 했다.

“여보, 우리 아이들도 3명인데 15평에서 계속 살기는 힘들겠지?”

“맞아. 우리도 어떻게든 집 문제를 해결해야 해.”

처음에는 전세로 나갈까 고민을 했다. 하지만 군 전세지원을 받고 2~3억 원씩 대출받아서 민간 전세에 들어간다고 치자. 한 달에 40~50만 원을 대출이자로 낼 바에야 차라리 내가 집을 사서 대출이자를 내는 것이 훨씬 이득이라는 생각을 하였다. 왜냐하면 전셋집은 내 집이 아니니까! 집값이 올라가도 내 것도 아니고, 전셋값만 올려 줘야 하니까! 2년 뒤에는 또 전셋값이 올라가서 추가 대출을 받아야 된다. 비슷한 규모로 대출을 받아도 내 집을 구입하면 노후보장도 되고 집값이 올라가면 모두 내 것이 아닌가!

이런 나름 혁신적인 생각에 드디어 그는 집을 구입하기로 결심했다.

“사실 제가 군생활 처음 시작한 2000년도 초반에는 나중에 천천히 집을 사자는 식이었지요. 하지만 이제는 시대가 바뀌었습니다.”

요즘에는 초급간부들도 집을 사려고 준비하고 있단다. 지금이라도 집을 사야 한다는 분위기로 바뀐 것도 한몫했다. 부동산에 대해 잘 모르는 군인이지만, 그래도 부동산이 역사적으로 우상향하는 곡선을 그리니 계속적으로 주택 값은 상승할 것이라고 생각한 것이다.

배 상사는 일단 과천에 나온 분양 주택을 알아보고 주택청약에 대해 공부를 시작하였다. 일반적으로 분양 단지 공고문을 보면 청약에 대한 설명이 잘 나와 있다. 그는 자녀가 3명이라서 다자녀 특공으로 도전하였다. 자녀 3명 중에서 1명은 미취학이고 1명은 완전히 늦둥이다. 아장아장 걷는 영아이기 때문에 가점을 또 받았다.

일단 배 상사는 과천에서 군생활을 하면서 2년 이상 거주한 ‘당해지역 거주자’이다. 미성년자 자녀는 총 3명으로 30점, 영유아 2명으로

10점, 무주택 10년 이상으로 20점, 과천시 거주 3년으로 5점, 청약저축 10년 이상으로 5점을 합해서 그의 청약점수는 총 70점이었다. 월평균 소득 기준에도 충족한다. 여기서 중요한 것은 반드시 해당 지역에서 거주를 해야 한다는 것이다. 다자녀 특공은 10년 이상 장기복무 군인 지역 점프가 적용되지 않는다.

그가 청약으로 도전한 아파트 단지는 다자녀 특공 중에서도 30% 비율로 과천시 거주자 내에서 추첨하였고, 나머지 70%는 수도권 거주자 중에서 추첨하였다고 한다. 그런데 알고 보니 과천시 내에서 다자녀 가구가 그리 많지가 않아서 청약점수가 비교적 낮은데도 불구하고 당첨이 된 것이다. 일반적으로 당첨권은 80점대 이상은 되어야 한단다.

아무튼 늦은 나이에 본 2명의 영아 아이들이 가져다준 10점으로 인해 당첨되었다. 청약의 로또라는 과천의 신축 아파트를 소유하게 된 것이니만큼 자녀들이 복덩이인 케이스였다.

"저는 아이들에게 감사합니다. 그리고 이 아이들을 저에게 가져다준 제 아내에 충성을 다할랍니다."

매일 다른 군인의 주거를 위해 고생하다가 이제 드디어 본인 가족의 주거 해결에 성공한 배 상사이다.

군인공제회로 집을 마련한 신도산 소령

“국방일보에 군인공제회 아파트 분양 소식 떴던데?”

“어, 나도 봤어.”

“파주 운정에 분양하나 봐.”

“근데 나는 청약통장도 없는데 분양받을 수 있나?”

신도산 소령은 남들 다 있는 청약통장이 없다. 신혼 초에 미리 만들었어야 했는데 관심이 없다 보니 미처 마련하지 못했다. 그리고 늦게나마 집을 구입하려고 하는데 청약통장이 없으니 특공이나 일반이나 신청할 수가 없다. 허둥지둥 청약통장을 만들긴 했지만 아직 1년이 되지 않았다.

알고 보니 군인공제회 분양은 청약통장이 필요 없었다. 그래서 신 소령은 고민할 필요 없이 군인공제회 주택을 분양받기로 결심하였다. 이번에 분양하는 군인공제회 아파트는 파주 운정신도시 920세대이다. 신 소령은 강원도 인제에서 근무를 하고 있지만 근무지역과 상관없이 군인공제회 청약을 할 수 있다.

현재 38세인 신 소령, 30세에 결혼하였지만 아기는 늦게 가졌다. 현재 영유아 자녀가 2명이다. 그는 군인공제회 청약점수가 몇 점인지 스스로 계산을 해보았다. 〈군 주택공급 입주자 선정 훈령〉에 점수 산정방식이 나와 있다(국가법령정보센터에서 검색 가능하다). 무주택 기간(38점), 근속 기간(40점), 기타 가점(22점)으로 총 100점 만점이다. 기타 가점은 부양가족(2~12점), 장애인 부양(2~5점), 군인공제회 회원부담금(1~5점)이다.

먼저 무주택 기간은 30세부터 인정이 되지만, 결혼이 30세 이전이면 혼인 시점부터 계산된다. 신 소령은 30세에 결혼해서 현재 38세이기 때문에 무주택 기간은 8년 미만이다. 그럼 무주택 점수는 12점이다. 다음은 근속 기간으로, 24살에 임관하여 현재 38세까지 14년간 근무했기 때문에 18점이다. 그리고 부양가족인데, 배우자와 자녀 2명이니까 총 3명, 부양가족 점수는 6점이다. 장애인 부양은 아무도 없기 때문에 0점. 군인공제회 회원부담금은 매달 50만 원을 넣고 있는데, 현재까지 4년을 넣어 약 2,000만 원 정도 된다. 그러면 회원부담금 점수는 2점이다.

신도산 소령의 군인공제회 청약점수는 총 38점이다. 이것으로 당첨될 수 있을까? 점수가 좀 약하긴 하다. 하지만 더 이상 선택의 여지가 없기 때문에 일단 청약을 넣었다. 우리 신 소령은 어떻게 되었을까?

2022년 분양된 파주 운정 GS 자이의 경우 38점 이하로 당첨된 사례는 59형 186명, 84형 4명, 101형 16명이다. 그중에서 3자녀 우선공급은 단 1명, 신혼부부 우선공급은 단 2명이다. 대부분은 1순위로 당첨된 사례이다. 결론은, 신 소령은 운이 좋아 84형, 5층으로 당첨이 되었다.

청약에 당첨되었으면 계약을 해야 한다. 계약금은 직접 목돈을 마련해서 납부를 해야 한다. 신 소령이 20대부터 지금까지 열심히 모았던 목돈 7,000만 원이 지금부터 빛을 발하는 순간이다. 파주 운정신도시 GS 자이 84형 5층 분양가격은 4억 6,160만 원이다. 계약은 당첨일 이후 한 달 이내로 한다. 계약을 할 때 지정된 계좌로 계약금을 10% 납부해야 하고, 그것이 4,616만 원이었다. 일단 4,616만 원이 있어야 집을 계약이라도 할 수 있다. 그다음부터는 6차에 걸친 중도금 납부가 기다리고 있다. 중도금은 분양가의 각 10%씩을 납부하는데, 준공기간을 고려하여 4~5달마다 내야 한다.

신 소령은 모은 돈 7,000만 원 중에서 계약금 약 4,600만 원을 납부하니 가진 돈이 2,400만 원 정도밖에 남지 않았다. 그래서 중도금 대출을 해야 했다. 사실 현찰로 아파트를 사는 사람은 거의 없다. 중도금 대출은 당연한 것이다. 아파트 중도금 대출은 시행사에서 알선하여 특정 금융기관으로 대출을 연결하여 준다. 중도금 대출은 DSR에도 적용되지 않아 신용점수가 매우 낮은 경우가 아니라면 이상 없이 대출받을 수 있다. 중도금 이자는 군인공제회에서 납부해 준다. 하지만 돈을 그냥 주는 것은 아니고 빌려주는 것이다. 마지막 잔금일에 다시 갚아야 한다.

중도금 대출이 들어가면서 신 소령은 이제 한시름 놓았다. 이자도 군인공제회에서 대신 납부해 준다. 다만 입주일에 군인공제회가 납부한 이자는 다시 정산해야 한다. 이제 잔금이 문제인데, 잔금은 1억

3,848만 원으로 꽤 큰 돈이다. 잔금은 입주일을 기준으로 납부를 하는데, 정확하게는 주택 사용검사일을 기준으로 한다. 신 소령은 입주 예정일인 2024년 9월을 목표로 준비해야 한다. 잔금을 모두 납부해야 하기 때문이다.

먼저 거래할 인근 공인중개사를 지정해야 한다. 계약을 하면서 현장에 간 김에 주변에서 알아봐도 되고, 공인중개사에서 먼저 연락이 오기도 한다. 그러면서 주변의 전세 시세를 확인해야 한다. 일반적으로 신규분양 주택에는 실거주 외 전세를 놓는 경우가 많기 때문에 주변 시세보다 10% 정도 전세가가 낮아진다. 파주 운정신도시에서 84형의 경우, 매매가가 4억 9,000만 원일 때 전세는 3억~3억 5,000만 원 정도로 시세가 형성되어 있다.

신 소령에게도 입주일보다 이미 몇 달 전에 공인중개사에서 전세나 월세를 놓을 생각이 없냐고 전화가 왔다. 이때 전세를 놓겠다고 의사를 밝히면 된다. 가격은 시세를 따라가겠다고 했다. 그러면 입주일(이사일) 전에 계약이 될 것이고, 전세를 3억 3,000만 원 정도로 예상하면 입주일(이사일)에 전세금 3억 3,000만 원을 받게 될 것이다. 그것으로 잔금 1억 3,848만 원과 중도금 이자 970만 원, 취득세 539만 원(취득세 1%, 지방교육세 0.1%), 전세 중개비 99만 원(상한 요율 0.3%) 등을 낸다. 정산하면 1억 7,544만 원이 남는다. 남는 돈은 중도금 대출의 일부를 상환한다. 현재 신 소령의 중도금 대출은 2억 7,696만 원이다. 갖고 있는 잔액 1억 7,544만 원과 남은 종잣돈으로 일부 상환하면 총 대출이 7,768만 원이 남는다. 이것은 주택담보대출로 전환하여 계속 가지고 간다. 나중에 돈 모으면서 갚으면 된다.

자, 정말 큰일 하나 해냈다. 신 소령이 모은 종잣돈 7,000만 원을 가지고 4억 6,000여만 원짜리 집을 구입하였다. 물론 아직 대출이 7,768만 원 있기는 하지만 나중에 전세금이 오르면 갚을 수 있다. 사실 우리 계획에는 아파트의 구입 가격과 전세 가격의 차이를 약 7,000만 원 정도로 보았지만, 주변 시세나 부동산 환경 등으로 이 차이는 계속 달라진다. 이번에는 신규분양 아파트의 특성상 전세 물량이 많이 나와서 일시적으로 전세 가격이 좀 낮아진 측면이 있다. 하지만 몇 년 지나가면 전세 가격이 상승할 가능성이 높다. 그러면 갖고 있는 대출을 모두 갚을 수 있다. 이제 할 일은 검소하게 살면서 전세금을 계속 모으는 것이다.

신 소령도 처음에는 군인공제회 아파트에 대해 잘 몰랐다. 오히려 오해하기도 하였다. 군인공제회 브랜드를 달고 나올 것 같기도 했다. 그런데 알고 보니 매력덩어리이다. 가격도 저렴하고 청약통장도 필요 없다. 가장 강력한 장점은 실거주 의무가 없다는 것이다. 그래서 신 소령은 비교적 적은 돈으로 전세 임대를 통해 아파트를 한 채 가질 수 있게 되었다.

10년 만에 내 집 마련 성공!
김창수 대위

김창수 대위는 군에 뼈를 묻으려고 입대했다. 당시 임관 성적도 좋았다. 부대에서도 인정을 받아 중위 2년 차 때 장기복무에 합격하였다. 그러면 10년 이상을 군에서 근무할 수 있는 것이다. 일단 장기복무 합격을 하면서 정규직으로 편입되었다고 말한다.

"하지만 인생은 알 수 없는 법이죠."

김창수 대위의 경우에도 대위까지는 진급에 어려움이 없었다. 그런데 소령부터는 조금 달랐다. 이전 중위나 소위 시절과 달리 경쟁률이 상당히 세진 것이다. 보통 장기근무자인 대위 3~4명 중에서 소령 1명 정도가 선발되는 비율이다. 이전과 달리 모두 열심히 하는 그룹에서 우수하게 인정받아야 소령으로 진급할 수 있다. 그리고 진급하지 못한 2~3명은 소령을 달지 못하고 대위로 제대해야 한다. 대위로 퇴직하면 나이 정년에 의해 보통 38세에 군에서 나간다.

육군의 경우에는 사단이나 연대급에서 작전장교라는 보직을 해야 소령으로 진급을 할 수 있다. 그런데 이 자리를 차지하는 것이 무척 어렵다. 연대급 부대에서 소령 진급을 노리고 연대 작전장교로 치고 들어가려는 야심에 찬 대위들만 5~6명 된다. 그들 중에서 우수자가 자리를 차지한다. 하지만 모든 일에는 항상 변동성이 있는 법. 가끔 낙하산으로 누군가 꽂혀서 내려오기도 하기 때문에 자리 경쟁은 치열하다. 운이 좋고 능력이 뛰어나서 연대 작전장교 직책을 꿰찼다고 하더라도 문제는 또 있다. 핵심 자리는 일을 많이 하는 자리이다. 무척 힘들다. 새벽녘에 출근해서 하루 종일 현안업무 처리와 공문 처리, 작전계획 발전, 훈련 준비, 비밀 관리 등을 하다 보면 새벽 가까이 되고, 다시 다음 날 새벽에 또 출근을 해야 하는 생활을 계속 반복해야 한다. 그것을 1년 내내 반복해야 겨우 소령으로 진급할 수 있는 가능성 하나를 얻는 것이다.

김창수 대위도 그렇게 연대 작전장교를 했다. 새벽부터 출근해서 밤까지 무척 열심히 일을 했다. 그런데 사건이 터지고야 말았다.

"보안점검 나왔습니다."

갑작스런 보안점검에 의해 그의 꿈은 무너졌다. 힘든 업무로 피곤에 지친 나머지 보안문서의 관리를 소홀히 한 것이 드러난 것이다. 비밀문서 관리 소홀로 김 대위는 징계를 받게 되었다. 그리고 그해 진급발표에 김창수라는 이름은 없었다.

"그때는 너무 억울했죠. 제가 뭐 대충 산 것도 아니었고요. 하지만 실수는 인정을 합니다. 제 팔자가 군인은 아니었나 봐요."

어차피 군이라는 조직은 피라미드형 조직이다. 소수의 인원만 상위계급으로 진급하고 나머지는 진급을 못 하는 구조이다. 내가 초짜 대위일 때도 고참 대위 선배들이 소령으로 진급을 하지 못하고 대위로 전역하는 경우를 많이 보았다. 보통 대위로 전역하는 나이는 38세이다.

김창수 대위도 군대 생활은 10년 정도 하였지만 소령으로 진급하지는 못했다. 그래서 나이 정년인 38세에 전역을 하게 되었다. 퇴직 전에 전역지원교육에 6개월 정도 입교하여 사회 적응 준비를 하게 된다. 그런데 문제는 역시 집이다. 전에는 생각 없이 군인관사에서 살았다. 그런데 이제 퇴직을 해야 하는데 정작 들어가 살 집이 없다.

이제 전역하면 군인관사에서 나와서 민간주택으로 들어가야 하는데, 모아 놓은 돈이 없다면 정말 집도 절도 없는 상황이 된다. 그리고 군에 있을 때에야 안정적인 군인 신분으로 인해 은행 대출이 비교적 쉽지만, 퇴직을 하면 일단 무직이다. 은행 대출도 어렵고 돈 빌려주는 사람도 없다.

김창수 대위는 절망적인 상황이었다. 집도 없고 직장도 곧 없어진다. 그런데 전역지원교육에서 만난 동기생 하나가 주택마련정책을 알려 준다.

"창수야, 우리 군대 생활 10년 했잖아. 그럼 일반청약 넣을 수 있어."

"청약은 자기가 살고 있는 주소지에만 신청할 수 있는 거 아니야?"

"맞아. 근데 10년 이상 장기복무 군인은 그거 상관없이 청약할 수 있어."

"그래? 근데 너는 집 마련했냐?"

"아니, 아직. 이제 10년 이상 장기복무 군인으로 한번 해볼려고."

"그래, 나도 한번 해보자."

군인(특히 장교)은 개인 의사와 무관하게 2~3년마다 근무지를 옮기고 이사를 한다. 한 지역에 정착하기 어렵고 일반 주택청약으로 주택을 구입하기는 불가능에 가깝다. 그래서 국방부와 국토부가 협의하여 만든 제도가 '10년 이상 장기복무 군인 청약자격 우대' 제도이다. 10년 이상 장기복무 군인은 전국 어디든(단, 수도권은 제외) 해당 건설지역 거주자로 간주한다. 군인이 직접 주택을 일반청약하는 과정에서 '10년 이상 장기군인'을 클릭해 선택하면 당해 거주자로 인정하는 것이다. 군인이 청약홈에 들어가서 하면 된다. 그리고 나중에 관련 서류를 제출하도록 되어 있다. 다만, 비수도권의 경우 '해당 주택건설지역'으로 간주되고, 수도권의 경우 '수도권 거주자'로 간주된다. 즉 비수도권은 1순위 당해지역으로 청약을 넣을 수 있고, 수도권은 2순위로 넣을 수 있다.

김창수 대위는 고향인 원주시에서 분양하는 아파트에 청약을 넣기로 한다. 입주자 모집공고를 보니 "원주시 6개월 이상 계속 거주하지 않았을 경우 기타 지역 거주자의 자격으로 청약됩니다"라고 되어 있다. 그런데 김창수 대위는 주소지가 현재 경기도 연천군이다. 이런 경우에는 10년 이상 장기복무 군인이라도 원주시에 6개월 이상은 살아야 해당 주택건설지역으로 인정을 받을 수 있다. 김 대위는 원주시에 살지 않고 경기도 연천군에 있으면서 신청하는 경우이다. 6개월 거주자 자격이 없기 때문에 해당 주택건설지역으로 청약할 수 없다. 이런 경우 기타 지역으로 신청해야 하고, 당해 거주자보다 우선순위가 낮아진다. 이번에는 당첨되지 못했다.

하지만 '10년 이상 장기복무 군인 청약자격 우대'는 부담 없이 일반청약으로 여러 번 신청할 수 있는 장점이 있다. 김창수 대위는 또 신청했다. 이번에는 처갓집이 있는 대전의 아파트로 신청했다. 대전도 비수도권이기 때문에 김 대위는 1순위 당해지역으로 신청을 할 수 있었다. 이번에는 당첨되었다! 이제 6개월 지나면 군에서 퇴직을 하지만, 그래도 군에서 혜택을 주어 집은 한 채 마련할 수 있게 된 것이다.

10년이 넘는 군생활 동안 김창수 대위와 그의 아내는 열심히 돈을 모아 그래도 1억 원 정도의 목돈을 만들었다. 퇴직금을 합치면 2억 원 가까운 목돈이 생긴다. 이제 퇴직을 하면 대전에서 직장을 구할 예정이다. 3년 뒤에는 아파트가 다 지어져서 입주를 하는데 그때가 되면 더 바빠질 것 같다. 가족이 다 같이 좋은 집에 살면서 행복하게 생활할 생각을 하니 그래도 나쁘진 않다.

간부의 90%는 원하든 원하지 않든 조기전역을 해야 한다. 그렇기에 군대 생활을 하는 동안 냉정한 현실감각을 가지고 경제생활도 성실하게 해야만 한다.

일반청약으로 주택 마련한 왕고참 김상현 중령

김상현 중령은 이제 곧 전역이 얼마 남지 않은 왕고참이다.

"나 이제 3년 있으면 제대야. 근데 집이 없어 너무 불안해."

후배 하나가 25년 이상 군생활을 하면 수도권 청약 자격이 있다는 것을 알려 준다.

"선배님, 군생활 25년 넘게 하면 수도권 아파트 청약 자격을 준대요."

"뭐? 그런 게 있었어?"

김 중령도 열심히 군대 생활만 하는 스타일이어서 그냥 군인 특공만 있는 줄 알았단다. 그런데 2021년 4월부터 시작한 주택 마련 지원제도가 있다. 바로 '25년 이상 장기복무 군인의 수도권 청약자격 우대'이다. 수도권에 새로이 분양하는 아파트 중에서 3% 범위 내 일반분양 중에서 군인들이 당해지역으로 청약하도록 하는 것이다. 국방부에서 이 제도를 관리하고 있으며, 국군복지단에서는 장기복무 청약자격 확인을 신청한 25년 이상 군인들 중에서 분양 단지별 3% 이내의 인원을 선발하여 이를 국토부(한국감정원)에 추천한다.

“아니, 나는 지금 주소지가 충남 계룡시인데 수도권에 있는 아파트에 청약이 가능하다는 말이지?”

“맞아요. 그리고 단순히 청약이 가능한 것이 아니라 1순위 당해지역으로 청약을 할 수 있습니다.”

1순위 당해지역이라면 당첨 가능성이 매우 높다. 10년 이상 장기복무 군인들은 지역에 상관없이 청약을 할 수 있다. 거기서 더 나아가 25년 이상 장기복무한 군인들은 수도권 아파트에 당해지역으로 청약을 할 수 있다.

“하지만 선배님, 그냥 막 올린다고 되는 건 아니고요. 국군복지단에 신청해서 뽑혀야 합니다. 뽑히면 수도권 아파트에 당해지역으로 청약을 하는 것입니다.”

“그래서 청약에 떨어지면?”

“떨어질 수도 있어요. 다만 지역 상관없이 청약해서 일반인하고 경쟁한다는 거지요.”

‘25년 이상 장기복무 군인의 수도권 청약자격 우대’는 군생활 전 기간 중에 딱 다섯 번만 쓸 수 있다.

장기복무 군인 수도권 청약자격 확인 대상자 선정기준이 있다. 김상현 중령의 경우를 한번 보자. 그의 무주택 기간은 15년 이상으로 만점이다. 총 32점을 받을 수 있다. 김 중령의 부양가족은 배우자와 자녀 2명이다. 총 3명으로 부양가족 수는 20점이다. 김 중령은 30살에 주택청약에 가입하였다. 그럼 입주자저축 가입기간은 거의 20년이 다 되었다. 15년 이상으로 17점 만점이다. 그의 근속기간은 26년이다.

0.2점이다. 이것으로 점수를 내서 신청한 군인들끼리 경쟁하여 추천자가 나온다.

2021년도에는 총 505명의 군인들이 25년 이상 장기복무 군인 청약 자격 확인을 받아서 수도권 아파트 일반청약을 시도하였다. 물론 일반청약으로 당첨되었는지는 확인이 되지 않지만 군인도 수도권 아파트의 일반청약이 가능한 점은 정책적으로 배려를 하고 있는 것이다. 점수는 천차만별이다. 18점으로 받은 군인도 있고 70점으로 받은 경우도 있다. 아마도 25년 이상 근무한 군인들이 그리 많은 수가 아니다 보니 경쟁이 심하지 않은 측면이 있는 것으로 보인다.

결국 김상현 중령은 수도권 신도시 아파트를 일반청약으로 분양을 받았다. 군생활 30년의 한을 그 아파트 하나로 풀었단다.

이제 아파트를 등기할 때 주소를 옮겨야 한다. 그때에는 김상현 중령을 포함한 가족들이 새로운 아파트로 주소를 옮겨야 하고, 군인관사에는 살지 못한다. 하지만 이제 곧 전역하는 입장에서 집을 마련한 것 자체가 무척 즐겁다.

퇴직 전 군인 특별공급으로 마지막 기회를

군인 특별공급의 가장 큰 특징은 민간 브랜드 아파트를 직업군인이라는 이점을 통해 공급을 받을 수 있다는 것이다. 이런 브랜드 아파트들은 대부분 서울이나 수도권 좋은 지역, 이른바 핫한 지역에서 분양을 한다. 대부분 수도권으로 보면 되는데, 서울에서 분양하는 아파트들도 종종 있다.

군인공제회 분양과 달리 군인 특별공급은 공급물량이 적은 편이다. 입주 후 제약도 많다. 실거주 의무가 있는 경우도 흔하다. 주변 시세 대비 저렴하게 분양한다면 실거주 의무는 없는 경우도 있지만 그렇지 않은 경우도 많다. 그런 곳은 고민을 좀 해야 한다. 왜냐하면 실거주 의무로 인해 군인으로 여러 가지 제한사항이 생기기 때문이다.

강원도에서 잘 근무하다가 인천에서 분양하는 아파트 특별분양 공고를 보고 신청을 했다. 그런데 당첨이 되어 버렸다. 그러면 2~3년 뒤에는 입주를 해야 하는데 본인이 실거주를 해야 한다고 한다. 잔금이 벌써 3억이 넘는 돈인데 그것을 치를 돈도 없는 상황이다. 그럼 은행이나 여기저기서 돈을 빌려야 하지만 요즘에는 DSR에 걸리기 때문에 3~4억 원을 쉽게 대출하기 어렵다. 주소지를 해당 특별분양 아파트로 돌리려면 본인은 강원도에 있는 군관사에서 거주할 수도 없게 된다. 군관사는 군인과 부양가족이 동시에 해당 주소지를 옮겨야 하기 때문이다.

그래서 특별공급은 이제 곧 전역을 눈앞에 둔 고참 군인들이 해야 한다. 퇴직 직전 고참 군인들은 이런 상황이 와도 큰 문제가 없다. 어느 정도 모아 놓은 목돈도 있을 것이고 퇴직금을 받을 수도 있다. 어차피 전역 이후 정착할 곳도 찾아야 할 것이다. 자녀들의 학업을 이유로 가족과 떨어져 본인 혼자서 간부숙소에 거주하고 있을 가능성도 높다. 그러면 주소지 등록에서도 비교적 자유롭다.

상대적으로 30대나 40대 초반의 젊은 군인들은 가급적 군인 특별공급은 시도하지 않는 것이 좋다. 일단 청약에 당첨되면 실거주 의무 때문에 해당 당첨 아파트에 주소지 이전을 해야 하고, 그러면 국가에서 지원하는 군관사나 전세 대부 지원을 받을 수 없다. 실거주 의무는 분양 단지마다 사정이 달라지니 일단 분양 안내서 등을 꼼꼼히 확인해야 한다.

본인이 군복무를 10년 정도 한 장기복무 군인인데 3~4년 내로 전역할 것 같다면 수도권에서 나오는 군인 특별공급을 집중적으로 노리자. 그래서 운 좋게 분양을 받게 된다면 가족들이 해당 지역으로 정착을 할 각오를 해야 한다. 그리고 본인은 군생활 마무리를 하면서 간부숙소에서 살아야 한다. 10년 이상 장기복무 군인은 수도권 지역 점프를 통해 일반분양도 가능하니, 일반분양도 병행해서 청약을 시도하길 바란다.

본인이 군생활을 거의 30년 가까이 한 엄청난 고참이라면 서울에 나오는 군인 특별분양을 노려도 무방하다. 서울이기 때문에 매우 핫하지만 대출이 어려운 점을 잘 고려해야 한다. 2016년 7월부터 서울에서 분양하는 아파트의 경우 분양가격이 9억 원이 넘으면 중도금 대출이 되지 않는다. 분양시장의 과열을 막기 위해 서울에서 분양가 9억 원 넘는 주택은 주택도시보증공사(HUG)의 분양보증 대상에서 제외됐기 때문이다. 최근에는 서울에서 분양하는 아파트는 웬만하면 분양가가 9억보다 비싼 경우가 많다. 분양가가 9억이 넘는지, 중도금 대출이 가능한지도 잘 따져 보는 것이 좋다.

힘들고 외로운 군대 생활,
무엇을 향해 달려왔나?
국가를 위해 이 한 몸 희생했고
나와 내 가족은 이미 늙어 버렸네.
그래도 대한민국에서 안정적인 삶을 살았다면
우린 충분히 성공한 것이 아닐까?

6

마무리

두 개의 사다리를 타고

우리가 군인이 되어서 열심히 생활했지.

아내도 나와 결혼해서 우리는 맨몸으로 열심히 뛰어왔지.

강원도 전방에서 아들딸 낳아 기르면서

그래도 젊어서 좋았다.

나는 군인이라 재테크도 젬병이고

가족들에게 수십억을 벌어 주지는 못했다.

그래도 수십억을 빚지면서 살진 않았다.

조금 부족했지만 그래도 우리 네 가족은 안정되게 행복하게 살았다.

군인관사에서 편안하게 살았고

전역을 하니 군인연금을 받아서 약간은 여유롭게 살았다.

아들딸은 모두 대학까지 보냈고

나는 가장으로 책무를 다한 것 같아.

이제 국가를 위해 희생한 명예만 남았네.

대한민국 사람 누구나 인정하는 명예지.

* * *

전역하는 박 대령님의 소회이다.

우리가 실로 원하는 것은 무엇일까? 안정된 인생이 아닐까 한다. 현역 시절에 조금 더 개념 있게 준비를 한다면 나중에 더 안정되게 생활할 수 있다.

국가가 군인에게 두 가지의 사다리를 내주었다. 하나는 군인관사이고 또 다른 하나는 주택마련정책이다. 이 두 사다리를 잘 이용해야 한다. 군인관사라는 사다리에 갇혀 있으면 더 나은 삶으로 올라가지 못한다. 잘 이용할 줄 알아야 한다. 잘 타고 올라야 한다. 군인관사를 잘 이용해서 건너면 더 나은 삶에 이를 수 있다.

군인관사는 좋은 사다리이지만, 아무리 멋지고 매력적인 사다리라 할지라도 거기서 평생 살 수는 없다. 그런데 평생 사다리에서 살 것처럼 착각하면 안 된다. 군대에서 퇴직을 하면 사다리를 올라가든지 내려가든지 해야 한다.

군인관사로는 근본적으로 군인들의 집 문제를 해결하지 못한다. 많은 군인들의 꿈인 주택 마련을 위해서는 두 번째 사다리를 잘 알아야 한다. 실제 집을 마련해 주는 사다리는 군인 주택지원정책이다.

위의 박 대령님은 주택을 마련하였을까? 사실 마련하지 못하셨다. 그래서 명예만 남았다고 한 것이다. 그런데 집도 없는 상황에서 군인으로의 명예를 유지하기가 어렵다.

두 가지 사다리를 잘 타고 올라가자. 그래야 30년 군대 생활이 헛산 것이 아니고 명예롭게 된다.

자기 명의의 집이 있어야 안정된 노후를 얻을 수 있다.

참고자료

군인 주택 마련 매뉴얼

<table>
<tr><th colspan="2">구분</th><th>특징(실거주)</th><th>사용 시기</th></tr>
<tr><td colspan="2">군인공제회
주택공급</td><td>· 수도권 자가 마련 가능
· 입주 후 실거주 의무 없음
· 입주 후 전·월세 가능
· 분양가격 목돈 필요 없음
· 군관사에서 계속 거주 가능
· 의외로 고참 군인들이 별로 안 좋아해서
젊은 군인들의 청약 기회 높음</td><td>· 30대 초중반 시기 군인 누구나
(결혼하고, 자녀는 2명 유리)
· 입주 후 군관사에서 거주하면서
자가주택은 임대(전·월세)
· 적은 돈으로 주택 마련 가능
단, 충분한 기간 돈 모아야 함</td></tr>
<tr><td colspan="2">군인 특별공급</td><td>· 입주 후 실거주 의무 있음
· 입주 후 전·월세 불가
· 분양가격 목돈 필요함
· 입주 시 군관사에서 퇴거해야 하고 본인만
간부숙소 거주
· 고참 군인들은 서울권 특별분양을 원함</td><td>· 군복무 10년 정도 한 장기복무 군인
(수도권) + 10년 일반분양 병행
· 본인이 엄청 고참이라면
(서울권) + 25년 일반분양 병행
· 입주 후 본인은 간부숙소에서 거주,
가족은 자가주택에서 실거주</td></tr>
<tr><td rowspan="3">일반
특별
공급</td><td>다자녀</td><td rowspan="2">· 입주 후 실거주 의무 있음
· 입주 후 전·월세 불가
· 분양가격 목돈 필요함
· 입주 시 군관사에서 퇴거해야 하고
(타지역) 본인만 간부숙소 거주
(근무지역) 간부숙소 거주 불가</td><td>· 수도권 당해지역에 거주하는 다자녀 부사관
(20년 정도 근무)
· 입주 후 실거주 의무
(입주 시 군관사에서 나와야 함)</td></tr>
<tr><td>신혼부부</td><td>· 수도권 당해지역에 거주하는
신혼부부 부사관
· 입주 후 실거주 의무
(입주 시 군관사에서 나와야 함)</td></tr>
<tr><td>생애최초</td><td>· 군인으로 청약 효과 낮음</td><td></td></tr>
<tr><td rowspan="3">일반
분양</td><td>당해거주</td><td>· 당해지역에 거주할 경우 일반청약으로 가능
· 입주 후 실거주 의무
· 분양가격 목돈 필요
· 군관사에서 나와야 함</td><td>· 서울에서 2년 이상 거주하고
앞으로 10년 정도 더 거주할 부사관
· 충분한 현금을 가지고 있어야 함
· 입주 후 서울에서 살아야 함
· 군인 특별공급도 같이 시도</td></tr>
<tr><td>10년
장기복무</td><td>· 지방도시 자가 마련 가능
(수도권은 당해 아님)
· 입주 후 실거주 의무
· 분양가격 목돈 필요
· 군관사에서 나와야 함</td><td>· 전역 10~20년 남은 군인
· 지방도시 한 곳에 가족이 정착하고 싶을 때
(입주 시 자가주택에서 실거주)
· 군인 특별공급도 같이 시도</td></tr>
<tr><td>25년
장기복무</td><td>· 수도권 자가 마련 가능
· 입주 후 실거주 의무
· 분양가격 목돈 필요
· 군관사에서 나와야 함</td><td>· 전역 3~4년 남은 군인(25년 이상)
· 수도권에 가족 정착하고 싶을 때
· 입주 후 본인은 간부숙소에서 거주,
가족은 자가주택에서 실거주
· 군인 특별공급도 같이 시도</td></tr>
</table>

군인공제회 주택분양(군인복지기본법)

군인복지기본법 시행령 제7조(우선공급 주택 등의 입주자 기준)에 의하면 입주자 선정은 아래 각 호의 평가 요소에 점수를 부여하여 고득점자 순으로 선정하되, 점수가 같을 때는 무주택기간이 장기인 자를 우선하도록 규정하고 있다.

1. 무주택기간
2. 복무기간
3. 부양가족 수
4. 주택법 제56조에 따른 입주자저축 가입기간
5. 장애인 가족 부양 여부
6. 65세 이상 직계존속(배우자의 직계존속 포함) 부양 여부 등

입주자 선정 평가점수의 구체적인 배분, 무주택기간 및 복무기간의 점수비율 등 세부사항은 <군 주택공급 입주자 선정 훈령>에 규정되어 있으며, 무주택기간(38점)과 근속기간(40점)의 점수는 동일하며 가점이 일부 상이하다.

'군인복지기본법에 의한 군인공제회 공급주택 입주자 선정기준'에서는 무주택기간(38점), 근속기간(40점), 기타 가점(22점)으로 총 100점 만점이다.

구분	계	무주택기간	근속기간	기타
배점	100	38	40	22

▲ 무주택기간 배점

무주택 기간	2년 미만	3년 미만	4년 미만	5년 미만	6년 미만	7년 미만	8년 미만	9년 미만	10년 미만	11년 미만
점수	0	2	4	6	8	10	12	14	16	18

무주택 기간	12년 미만	13년 미만	14년 미만	15년 미만	16년 미만	17년 미만	18년 미만	19년 미만	20년 미만	20년 이상
점수	20	22	24	26	28	30	32	34	36	38

▲ 근속기간 배점

근속 기간	1년 미만	2년 미만	3년 미만	4년 미만	5년 미만	6년 미만	7년 미만	8년 미만	9년 미만
점수	5	6	7	8	9	10	11	12	13

근속 기간	10년 미만	11년 미만	12년 미만	13년 미만	14년 미만	15년 미만	16년 미만	17년 미만	18년 미만
점수	14	15	16	17	18	19	20	21	22

근속 기간	19년 미만	20년 미만	21년 미만	22년 미만	23년 미만	24년 미만	25년 미만	26년 미만	27년 미만
점수	23	24	25	26	27	28	29	30	31

근속 기간	28년 미만	29년 미만	30년 미만	31년 미만	32년 미만	33년 미만	34년 미만	35년 미만	35년 이상
점수	32	33	34	35	36	37	38	39	40

▲ 기타 점수는 총 22점으로 부양가족 수와 장애인 가족 부양 여부, 군인 공제회 회원부담금 원금 잔액

▲ 부양가족에 따른 점수

부양가족 수	1인	2인	3인	4인	5인	6인 이상
점수	2	4	6	8	10	12

부양가족

① 입주자모집공고일 현재 주택공급신청자 또는 그 배우자(주택공급신청자와 같은 세대별 주민등록표에 등재되어 있지 않은 배우자를 포함한다. 이하 이 목에서 같다.)와 같은 세대별 주민등록표에 등재된 세대원으로 한다. 다만, 자녀의 경우 미혼으로 한정하며, 손자녀의 경우 부모가 모두 사망한 미혼의 손자녀의 경우로 한정한다.

② 주택공급신청자 또는 그 배우자의 직계존속은 주택공급신청자가 입주자모집공고일 현재 세대주인 경우로서 입주자모집공고일을 기준으로 최근 3년 이상 계속하여 주택공급신청자 또는 그 배우자와 같은 세대별 주민등록표에 등재된 경우에 부양가족으로 본다. 다만, 직계존속과 그 배우자 중 한 명이라도 주택을 소유하고 있는 경우에는 직계존속과 그 배우자 모두 부양가족으로 보지 않는다.

③ 주택공급신청자의 30세 이상인 직계비속은 입주자모집공고일을 기준으로 최근 1년 이상 계속하여 주택공급신청자 또는 그 배우자와 같은 세대별 주민등록표에 등재된 경우에 부양가족으로 본다. (군 주택공급 입주자 선정 훈령 제2조)

▲ 장애인 부양에 따른 점수

장애등급	장애의 정도가 심하지 않은 장애인	장애의 정도가 심한 장애인
점수	2	5

* '장애의 정도' 기준은 장애인복지법 시행규칙 <별표1>을 적용
* 주택공급신청자 본인이 장애인인 경우에도 가점 부여
* 군인공제회에 장애인 부양사실을 입증할 수 있는 서류를 제출하되, 장애인을 2명 이상 부양할 경우 1명만 인정
* 장애인 수용시설, 요양원, 병원 등에 장기 수용 또는 입원하고 있는 경우에는 실제 치료비 부담 등 부양사실이 입증되면 인정 (군 주택공급 입주자 선정 훈령 별표 1 등)

▲ 회원부담금 원금 잔액에 따른 점수

구좌수	1천만원 미만	1천만원 이상 3천만원 미만	3천만원 이상 5천만원 미만	5천만원 이상 7천만원 미만	7천만원 이상
점수	1	2	3	4	5

군인공제회의 자체 택지개발 등에 의한 공급주택 입주자 선정 방식

1. 전용면적 $85m^2$ 이하의 주택

'군인공제회 자체 택지개발 등에 의한 공급주택 입주자 선정기준'에서는 무주택기간(38점), 근속기간(40점), 군인공제회 가입구좌수(10점), 기타 가점(27점)으로 총 115점 만점이다.

구분	계	무주택기간	근속기간	군인공제회 가입구좌수	기타
배점	115	38	40	10	27

▲ 무주택기간

무주택 기간	2년 미만	3년 미만	4년 미만	5년 미만	6년 미만	7년 미만	8년 미만	9년 미만	10년 미만	11년 미만
점수	0	2	4	6	8	10	12	14	16	18

무주택 기간	12년 미만	13년 미만	14년 미만	15년 미만	16년 미만	17년 미만	18년 미만	19년 미만	20년 미만	20년 이상
점수	20	22	24	26	28	30	32	34	36	38

▲ 근속기간

근속기간	1년 미만	2년 미만	3년 미만	4년 미만	5년 미만	6년 미만	7년 미만	8년 미만	9년 미만
점수	5	6	7	8	9	10	11	12	13

근속기간	10년 미만	11년 미만	12년 미만	13년 미만	14년 미만	15년 미만	16년 미만	17년 미만	18년 미만
점수	14	15	16	17	18	19	20	21	22

근속기간	19년 미만	20년 미만	21년 미만	22년 미만	23년 미만	24년 미만	25년 미만	26년 미만	27년 미만
점수	23	24	25	26	27	28	29	30	31

근속기간	28년 미만	29년 미만	30년 미만	31년 미만	32년 미만	33년 미만	34년 미만	35년 미만	35년 이상
점수	32	33	34	35	36	37	38	39	40

▲ 가입구좌(군인공제회 회원퇴직급여)

구좌수	20 미만	20 이상 30 미만	30 이상 40 미만	40 이상 50 미만	50 이상 60 미만
점수	1	2	3	4	5

구좌수	60 이상 70 미만	70 이상 80 미만	80 이상 90 미만	90 이상 100 미만	100 이상
점수	6	7	8	9	10

▲ 기타 점수는 총 27점(부양가족 수, 장애인 가족 부양 점수, 군인공제회 회원가입 기간)

▲ 부양가족 수

부양가족 수	1인	2인	3인	4인	5인	6인 이상
점수	2	4	6	8	10	12

▲ 장애인 가족 부양 점수

장애등급	장애의 정도가 심하지 않은 장애인	장애의 정도가 심한 장애인
점수	2	5

▲ 군인공제회 회원가입 총기간

가입기간	6년 미만	6년 이상	7년 이상	8년 이상	9년 이상
점수	1	2	3	4	5
가입기간	10년 이상	11년 이상	12년 이상	13년 이상	14년 이상
점수	6	7	8	9	10

2. 전용면적 85m² 초과 주택

전용면적이 85m² 초과의 주택은 근속기간 40점, 군인공제회 가입구좌수 40점, 기타 27점.

구분	계	근속기간	군인공제회 가입구좌수	기타
배점	107	40	40	27

▲ 근속기간

근속기간	1년 미만	2년 미만	3년 미만	4년 미만	5년 미만	6년 미만	7년 미만	8년 미만	9년 미만
점수	5	6	7	8	9	10	11	12	13

근속기간	10년 미만	11년 미만	12년 미만	13년 미만	14년 미만	15년 미만	16년 미만	17년 미만	18년 미만
점수	14	15	16	17	18	19	20	21	22

근속기간	19년 미만	20년 미만	21년 미만	22년 미만	23년 미만	24년 미만	25년 미만	26년 미만	27년 미만
점수	23	24	25	26	27	28	29	30	31

근속기간	28년 미만	29년 미만	30년 미만	31년 미만	32년 미만	33년 미만	34년 미만	35년 미만	35년 이상
점수	32	33	34	35	36	37	38	39	40

▲ 군인공제회 가입 구좌수

구좌수	20 미만	20 이상 30 미만	30 이상 40 미만	40 이상 50 미만	50 이상 60 미만
점수	4	8	12	16	20

구좌수	60 이상 70 미만	70 이상 80 미만	80 이상 90 미만	90 이상 100 미만	100 이상
점수	24	28	32	36	40

▲ 기타 점수는 총 27점(부양가족 수, 장애인 가족 부양 점수, 군인공제회 회원가입 기간)

▲ 부양가족 수

부양가족 수	1인	2인	3인	4인	5인	6인 이상
점수	2	4	6	8	10	12

▲ 장애인 가족 부양 점수

장애등급	장애의 정도가 심하지 않은 장애인	장애의 정도가 심한 장애인
점수	2	5

▲ 군인공제회 회원가입 총기간

가입기간	6년 미만	6년 이상	7년 이상	8년 이상	9년 이상
점수	1	2	3	4	5
가입기간	10년 이상	11년 이상	12년 이상	13년 이상	14년 이상
점수	6	7	8	9	10

군인 특별공급(국군복지단)

▲ 군인 특별공급 절차

사업주체 (분양사)	분양 사전 공지 및 추천 요청(국군복지단) * 분양일정, 특별공급 물량 통보, 추천자 명단 요청 등
국군복지단 (복지사업운영과)	군인 특별공급 공지(국군복지포털)

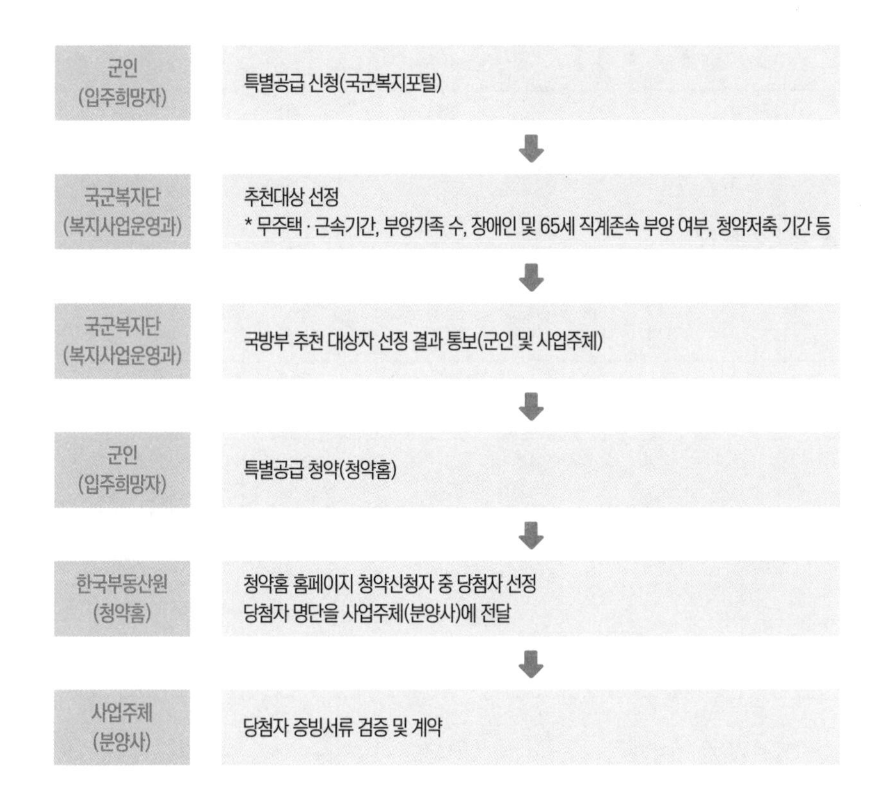

▲ 군인 특별공급 기준

1. 10년 이상 복무한 현역 군인이어야 한다.
2. 먼저 무주택이어야 한다. (본인이 세대원이더라도 가능하다.)
3. 특별공급 주택에 당첨된 적이 없어야 한다.
4. 청약통장을 가지고 있어야 한다. 단, 기관추천 청약통장 조건을 충족해야 한다.

▲ 군인 특별공급 입주자 선정기준 : 무주택기간(38점), 근속기간(40점), 기타 가점(22점)

구분	계	무주택기간	근속기간	기타
배점	100	38	40	22

▲ 무주택기간

무주택 기간	2년 미만	3년 미만	4년 미만	5년 미만	6년 미만	7년 미만	8년 미만	9년 미만	10년 미만	11년 미만
점수	0	2	4	6	8	10	12	14	16	18

무주택 기간	12년 미만	13년 미만	14년 미만	15년 미만	16년 미만	17년 미만	18년 미만	19년 미만	20년 미만	20년 이상
점수	20	22	24	26	28	30	32	34	36	38

▲ 근속기간

근속 기간	11년 미만	12년 미만	13년 미만	14년 미만	15년 미만	16년 미만	17년 미만	18년 미만
점수	15	16	17	18	19	20	21	22

근속 기간	19년 미만	20년 미만	21년 미만	22년 미만	23년 미만	24년 미만	25년 미만	26년 미만	27년 미만
점수	23	24	25	26	27	28	29	30	31

근속 기간	28년 미만	29년 미만	30년 미만	31년 미만	32년 미만	33년 미만	34년 미만	35년 미만	35년 이상
점수	32	33	34	35	36	37	38	39	40

▲ 기타 점수(총 22점) : 부양가족 수(12점), 장애인 가족 부양 여부(5점), 65세 이상 직계존속 부양 여부(2점), 청약 가입기간(3점)

▲ 부양가족 수

부양가족 수	1인	2인	3인	4인	5인	6인 이상
점수	2	4	6	8	10	12

▲ 장애인 부양 점수

장애등급	장애의 정도가 심하지 않은 장애인	장애의 정도가 심한 장애인
점수	2	5

▲ 65세 이상의 직계존속 부양

부양기간	3년 이상 5년 미만	5년 이상
점수	1	2

▲ 입주자저축(청약저축, 청약예금, 청약부금) 가입기간

구분	2년 미만	2년 이상 5년 미만	5년 이상
점수	1	2	3

기관추천 청약통장 조건

① 청약통장 가입 6개월 경과

② 청약부금 : 납입인정금액이 지역별 전용 85m^2 이하 청약예치금 이상 납입

③ 청약저축 : 매월 약정 납입일에 월 납입금 6회 이상 납부

④ 청약예금 : 지역별 예치금에 상당하는 금액 예치 필요

⑤ 주택청약종합저축 : 주택 종류에 따라 월 납입금 6회 이상 납부 또는 지역별 예치금 예치

다자녀 특별공급(일반)

▲ 대상

① 입주자모집공고일 기준으로 미성년자인 자녀가 3명 이상이어야 한다.(태아, 입양도 인정)

② 주민등록상 세대 전원이 무주택 세대여야 한다.

③ 공공주택 특별법이 적용되는 국민주택의 경우 소득과 자산 기준에 부합하여야 한다.
- 세대의 월평균 소득이 전년도 도시근로자 가구당 월평균 소득의 120% 이하
- 자산 기준은 부동산 가액 2억 1,550만 원 이하, 차량 가액 3,496만 원 이하

▲ 다자녀 특공을 위한 청약통장 요건

① 국민주택 특별공급 : 주택청약종합저축 가입 후 6개월 경과, 매월 약정 월납입금 6회 이상 납입

② 민영주택 특별공급 : 전용면적 85m^2 이하 공급받을 수 있음
주택청약종합저축 가입 후 6개월 경과되어야 하고 정해진 예치금이 납입되어야 함(서울 및 부산 250만 원, 기타 지역 200만 원)

▲ 다자녀 특공을 위한 자격요건

① 입주자모집공고일 기준으로 미성년 자녀 3명(태아, 입양자녀도 포함)

② 세대원 전원이 무주택이어야 한다.

③ 소득과 자산 기준이 있다.

▲ 다자녀 특공 배점 기준표

평점요소	총 배점	기준	점수	비고
계	100			
미성년 자녀수	40	5명 이상	40	
		4명	35	
		3명	30	
영유아 자녀수	15	3명 이상	15	영유아는 입주자모집공고일 기준 만6세 미만
		2명	10	
		1명	5	
세대구성	5	3세대 이상	5	공급신청자와 직계존속(배우자의 직계존속을 포함하며 무주택자로 한정)이 입주자모집공고일에서 과거 3년 이상 계속 동일 주민등록상 등재
		한부모 가족	5	공급신청자가 「한부모가족지원법 시행규칙」에 따라 여성가족부 장관이 정하는 한부모 가족으로 5년이 경과된 자
무주택기간	20	10년 이상	20	세대원 전원이 무주택자이어야 하며, 무주택기간은 공급신청자 및 배우자의 무주택기간을 산정
		5년 이상 10년 미만	15	
		1년 이상 5년 미만	10	
해당 시·도 거주기간	15	10년 이상	15	공급신청자가 해당 지역에 입주자모집공고일 현재까지 계속하여 거주한 기간
		5년 이상 10년 미만	10	
		1년 이상 5년 미만	5	
입주자저축 가입기간	5	10년 이상	5	

수도권 2년 이상 거주 1순위 (일반청약)

장점 : 일반공급 물량이 많다.

단점 : 직업군인으로의 혜택은 없다. 일반인처럼 동일한 조건으로 청약 경쟁에 뛰어드는 것.

유리한 시기 : 장기복무 직업군인이 아닌 10년 미만 근무한 군인
수도권에서 2년 이상 거주하여 "해당지역 거주자"가 되었을 때

★ 10년 미만 중기복무자로 전역이 가까워졌을 때 내 집 마련 가능하다.
서울이나 수도권, 광역시권에서 군생활을 한다면 미래를 위해 주소지를 옮겨 놓자.

▲ 일반청약 1순위 자격(국민주택)

① 분양을 원하는 주택의 최초 입주자모집공고일 기준으로 해당 주택건설지역(당해지역)이나 인근 지역에 거주해야 한다.

② 청약신청자가 만 19세 이상이어야 한다.

③ 본인을 포함한 세대 구성원 전부가 무주택자여야 한다.

▲ 1순위 통장의 자격

① 서울이나 경기도의 인기 있는 지역은 대부분 투기과열지구나 청약과열지구이다. 투기과열지구나 청약과열지구의 경우에는 청약통장에 가입한 지 2년이 지나야 하고, 납입횟수가 24회 이상이어야 한다.

② 수도권 중에서 투기과열지구나 청약과열지구가 아닌 경우에는 청약통장 가입기간이 1년, 납입횟수가 12회만 넘으면 된다.

③ 수도권 외 지역에서는 청약통장 가입기간이 1년이 지나고 납입횟수가 6번 이상이면 된다.

④ 위축지역의 경우 청약통장에 가입한 지 1개월만 지나면 된다.

▲ 국민주택 1순위 제한조건

① 무주택 세대주여야 한다.

② 세대원 전부가 5년 이내 다른 주택에 당첨된 적이 없어야 한다.

▲ 일반청약 1순위 자격(민영주택)

① 분양을 원하는 주택의 최초 입주자모집공고일 기준으로 해당 주택건설지역(당해지역)이나 인근 지역에 거주해야 한다.

② 청약신청자가 만 19세 이상이어야 한다.

▲ 청약통장의 기준(민영주택)

① 투기과열지구나 청약과열지역인 경우 대상자는 주택청약종합저축에 가입하여 2년이 지나야 하고 아래의 예치기준액을 납입해야 한다.

구분	서울 및 부산	그 밖의 광역시	이를 제외한 지역
85제곱미터 이하	300만원	250만원	200만원
102제곱미터 이하	600만원	400만원	300만원
135제곱미터 이하	1,000만원	700만원	400만원
모든 면적	1,500만원	1,000만원	500만원

② 수도권에서 투기과열지구나 청약과열지역이 아닌 경우 청약통장 가입 후 1년이 지나야 하고, 위 예치금 기준에 해당하면 1순위가 가능하다.

③ 수도권 외 지역은 청약 가입기간이 6개월 지나고 위 예치금 기준을 채우면 된다.

④ 위축지역의 경우 청약 가입 후 1개월만 지나면 1순위가 가능하다.

장기복무 군인 청약자격 우대

▲ 10년 이상 장기복무 군인

① 법적 근거 : 주택공급에 관한 규칙(제4조)

② 개념 : 군인이 개인적으로 일반청약을 할 때 비수도권의 경우 "해당 주택건설지역"으로 간주, 수도권의 경우 "수도권 거주자"로 간주

* 비수도권의 경우 청약 가능성이 높으며, 수도권은 청약 가능성이 낮은 편(해당 주택건설지역 거주자가 수도권 거주자보다 우선순위 더 높음)

③ 시행기관 : 국토부 통제 / 분양사별 시행

④ 자격 : 10년 이상 장기복무 군인

⑤ 활용방법 : 군인 특별공급을 쓰기는 부담스럽거나 아까운 군생활 10년 이상의 30대 후반 군인들이 일반청약을 배우면서 여러 번 시도 가능

▲ 25년 이상 장기복무 군인

① 법적 근거 : 주택공급에 관한 규칙(제4조), 군 주택공급 입주자 선정 훈령

② 개념 : 군인이 개인적으로 일반청약을 할 때 수도권(투기과열지구 제외)의 분양물량의 3% 내의 공급량에 25년 이상 장기복무 군인은 "해당 주택건설지역"으로 간주

*재직기간 중 최대 5번 청약 시도 가능하고, 단 1회만 청약 당첨 가능

③ 시행기관 : 국토부 및 국방부 통제 / 분양사별 시행

④ 자격 : 25년 이상 장기복무 군인

▲ 혜택 비교

구분		청약자격 우대	비고
수도권	비규제지역	10년 이상 장기복무 군인은 '수도권 거주자'로 인정	
	조정대상지역		
	투기과열지구		
수도권	비규제지역	25년 이상 장기복무 군인은 '해당지역 거주자'로 인정	5회 시도 가능
	조정대상지역		
	투기과열지구	미적용	

에필로그

우연히 찾아간 친구네 군인아파트를 통해서 군인의 길로 들어가리라 마음먹게 되었다. 조금 싱겁기도 하고 약간 불충(…)스럽기도 하다. 충성심을 가지고 군인을 해야지, 무슨 군인아파트를 보고 군인을 하냐고 말이다.

사실 나라를 위해 희생하거나 봉사하는 높은 뜻을 가진 군인들이 무척이나 많다. 실제로 군인의 길은 많은 인내와 희생을 요구한다. 군인가족으로 살면서 마음속에 부귀영화 네 글자를 지웠다는 에피소드는 필자도 눈물을 글썽이게 하였다. 그러나 군인 모두가 충성심과 봉사, 희생 같은 아름다운 이야기만 한다면 안 될 것 같았다. 누군가는 군인의 주거생활과 복지를 위해 쓴소리를 해야 한다고 생각했다. 왜 군인에게 관사를 지원해야 하는지, 왜 군인에게 특별분양의 기회를 줘야 하는지 설명하고 싶었다.

나는 군인 주거정책을 오랜 기간 해왔기 때문에 군인과 군인 가족의 희생을 누구보다 잘 알고 있다. 그리고 군인 주거정책의 중요성도 깊게 이해하고 있다. 그래서 한번 나서 보았다. 주변에서 종종 보이지만 알지 못하는 군인아파트를 주제로 이야기를 해보고 싶었다.

인생이라는 것은 원래 '어쩌다' 되는 것이 아닐까 한다.

나는 어쩌다 군인이 되어서 20년 넘게 군복을 입고 있다. 또 어쩌다 군인 주거정책 담당자가 되어서 군인 주거정책을 고민하고 있다. 또 어쩌다 부동산 박사가 되어서 나름 공공주택정책을 연구하고 있기도 하다. 인생에서 우연이라는 요소가 인생을 더 풍요롭게 해주는 조미료의 역할을 하는 것이 아닐까 싶다.

이 책을 보는 여러분도 어쩌다 우연히 이 책을 보고 군인의 주택 문제에 대해 관심을 갖고 스스로의 퇴직 이후 주거에도 신경을 썼으면 좋겠다.

나는 군관사와 군인 주택지원정책, 이 두 가지가 나라를 지키는 힘이라고 생각한다. 조금 황당한 말일 수도 있다. 신형 미사일이나 신형 전투기가 아니라, 군인 주택이 나라를 지키는 힘이라니?

그런데 그거 아는가? 50살이 다 되어 가는 초로의 부사관들이 왜 얼굴에 위장크림을 칠하면서 K2 소총을 메고 야전을 누비며 전술훈련을 하는지.

40대 중년의 직업군인들이 무엇 때문에 영하 30도가 넘는 겨울의 혹한기 속에서도 행군을 하고 훈련을 뛰고 있는지.

왜 30대 군인들이 '전역을 할까, 군대 생활을 계속할까' 인생의 고민 속에서도 직업군인을 선택하는지.

왜 20대 젊은 장교들이 미래를 꿈꾸며 새벽 2시, 3시가 넘어가는데 군부대 행정반에서 밤을 지새며 당직근무를 서는지.

이들에게 현재는 무척이나 고통스럽고 힘들 것이다. 생각해 보라. 혹한기훈련이나 유격훈련 다시 하고 싶은 사람이 어디 있는가? 전쟁이 난다고 생각해 보라. 다들 피난을 가야 하는데 군인으로 전쟁의 한가운데로 다시 뛰어들고 싶은 사람이 어디 있겠는가! 하지만 지금의 군인들은 그것을 묵묵히 받아들인다. 왜 그럴까?

지켜야 할 소중한 가족이 있기 때문이다. 혹한의 겨울이지만 사랑하는 아들딸, 배우자는 따뜻한 BTL 군관사에서 편안하게 생활하고 있으니까 군인들은 자신의 임무에 목숨을 거는 것이다. 아무리 춥고 힘들어도 상관없다. 나의 소중한 미래가 있으니 참고 견디는 것이다.

군인의 주거 문제는 나라의 아주 중대한 문제이다. 나라를 지키는 가장 따뜻한 힘은 바로 군인의 주거정책이다.

부디 더 나은 미래를 위해 헌신하는 군인들에게 더 따뜻한 보금자리가 제공되길 바란다. 그리고 군인 본인들도 더 좋은 미래를 위해 계획적으로 노력하길 바란다.

대한민국을 지키는 가장 따뜻한 힘!

소박한 관사에서 평생 살 내 집까지
직업군인의 찐 드림하우스 정복기

군인가족
내집마련 표류기

초판 1쇄 발행 2022년 12월 30일

지은이 노영호
발행처 예미
발행인 황부현
기 획 박진희
편 집 김정연
디자인 김민정

출판등록 2018년 5월 10일(제2018-000084호)

주 소 경기도 고양시 일산서구 중앙로 1568 하성프라자 601호
전 화 031)917-7279 **팩스** 031)918-3088
전자우편 yemmibooks@naver.com

ISBN 979-11-89877-99-6 03390

• 책값은 뒤표지에 있습니다.